国家绒毛用羊产业技术体系、自治区畜牧业产业技术体系资助

羊营养代谢病的诊断与防治

陈世军　王　杰　主　编

西北农林科技大学出版社

图书在版编目(CIP)数据

羊营养代谢病的诊断与防治 / 陈世军，王杰主编.
—杨凌：西北农林科技大学出版社，2021.9
ISBN 978-7-5683-1014-7

Ⅰ.①羊… Ⅱ.①陈… ②王… Ⅲ.①羊病—代谢病—诊疗 Ⅳ.①S858.26

中国版本图书馆CIP数据核字(2021)第198405号

羊营养代谢病的诊断与防治
陈世军　王　杰　主编

出版发行	西北农林科技大学出版社
地　　址	陕西杨凌杨武路3号　　**邮　编**:712100
电　　话	总编室:029-87093195　发行部:029-87093302
电子邮箱	press0809@163.com
印　　刷	陕西天地印刷有限公司
版　　次	2021年9月第1版
印　　次	2021年9月第1次印刷
开　　本	850 mm×1168 mm　1/32
印　　张	4.25
字　　数	113千字

ISBN 978-7-5683-1014-7

定价:18.00元

编写人员名单

主　　编　陈世军　王　杰

副 主 编　陈古丽　韩　涛　艾沙江·阿布拉

编写人员　（按首字笔画排列）

马为卫　毕兰舒　伊力哈木·阿巴别克

沈辰峰　阿曼古丽·牙森　金映红

参都哈西·加吾丁　哈力旦木·吾甫尔

洪都孜·波拉提　夏　俊　党　乐

郭同军　郭会玲　樊　华　薛　晶

审　　稿　（按首字笔画排列）

田可川　吐尔洪·努尔　刘武军　武　坚

黄　炯

前言

随着我国羊养殖模式从过去的农牧民分散饲养到养殖企业、养殖合作社、养殖小区的规模化、集约化养羊的出现与发展，羊的养殖方式已多由放牧转变为舍饲，羊群发病也随之发生了相应的变化，对羊产业健康发展的威胁也变得更加严重。

通过近年的兽医临床调查，笔者认为严重威胁新疆羊产业健康发展的疾病除小反刍兽疫等重大动物疫病外，就是羊营养代谢病和中毒病等内科群发病。其中，羊的常见代谢病主要有：微量元素缺乏症[如铜缺乏症（摆腰病）、硒缺乏症（羔羊白肌病）、锰缺乏症（骨短粗症）和钴缺乏症（贫血和白肝病）等]、镁缺乏症（低镁血症）、钙磷代谢紊乱（佝偻病和骨软症）、异食癖、妊娠毒血症以及维生素A缺乏症等。

羊的群发病包括疫病（传染病和寄生虫病）和群发普通病（代谢病和中毒病）。当前，羊疫病的控制一直得到各方面高度重视，其防治技术研究也一直没有中断过，国家投入了巨大的人力物力，取得的大量成果在生产实践中得到广泛应用，对羊疫病防控起到了关键作用。但是，因地域、季节、养殖方式改变等原因引起的羊营养代谢病的防控研究工作没有得到应有的重视，导致这些病以显性和隐性的方式广泛存在，造成的直接和间接损失无法估量，进而制约着新疆羊产业健康发展。

羊营养代谢病的危害是很大的，人们（主要指政策制定与决策者、养殖业主、兽医技术人员等）通常所能注意到的仅仅是羊营养代谢病的显性型（即临床型，包括最急性型、急性型、亚急性型和慢性型），而实际上这只是问题的冰山一角，真正大量存在的是这些疾病的隐性型(亚临床型)。羊营养代谢病的亚临床型造成机体处于亚健康状态,常常被人们忽视,但其所带来的问题是很严重的,主要有:

(1)羊抵抗力降低　导致羊成为条件致病菌的易感对象,从而容易发生大肠杆菌病、支原体病、巴氏杆菌病和一些寄生虫病等;导致预防兽医实施的免疫接种效果差,疫苗保护率低;当抵抗力低下的羊发生感染性疾病时(包括疫病),其抗感染治疗的效果差,周期长,费用高。

(2)羊生产性能降低　导致羊生长发育缓慢,饲料利用率下降,繁殖性能差,养殖效益低。

(3)羊产品品质下降　代谢病的亚临床型虽不表现临床症状,但会影响羊肉的肉色、系水力和风味等品质指标,缩短羊肉作为商品的货架期,并造成其外观不佳,从而影响羊产业的经济效益。

由此可见,有效地控制羊营养代谢病对提高羊产业生产效益意义重大。

本书编写的目的就是将羊营养代谢病的诊断与防治技术做系统全面的介绍,为广大基层兽医、羊场技术人员及农牧民养殖专业户提供技术参考,为养羊业健康发展提供技术支持,促进广大农牧民增产增收。

编　者

2021.6 于乌鲁木齐

目录

第一章　羊营养代谢病的概念

第一节　羊的营养需要

一、羊的营养特点

（一）粗饲料的营养特点

1. 粗饲料对羊消化代谢的重要意义

粗饲料容积大，性质稳定，消化需要的时间较长，是瘤胃的主要填充物，使羊不会产生饥饿感；粗饲料颗粒粗糙，能够有效刺激瘤胃壁，特别是网—瘤胃褶附近区域，反射性地引起唾液分泌，增加唾液的分泌量，保证有足够的唾液进入瘤胃，以起到缓冲瘤胃内环境的作用。此外，羊反刍时，粗饲料需要经过多次咀嚼，同样可以刺激唾液分泌。粗饲料可以刺激消化道黏膜，促进消化道蠕动，促进未消化物质的排出，保证羊消化道的正常机能。粗饲料在瘤胃内降解速度比较慢，产生的酸（主要是乙酸）能够被瘤胃壁充分吸收，不会造成瘤胃酸中毒。粗饲料也有利于瘤胃微生物生长，维持正常的瘤胃微生物区系和正常的瘤胃 pH 值。

因此，羊的饲料中必须含有一定量的粗饲料。要注意把握好日粮的精粗比例，既能让羊吃饱，又能让羊营养充足长得快；不能急于求成只喂羊精饲料，虽然营养水平达到了营养标准的要求，但饲料的干物质不足、体积过小，羊始终处于饥饿状态，会产生羊反刍受阻甚至反刍停止、唾液分泌减少、瘤胃酸中毒、真胃移位等病症。

2. 影响粗纤维消化率的因素

羊对粗饲料的消化率变化范围较大，影响因素如下：

（1）与粗饲料的质量有关　高质量的牧草或未成熟的粗饲料，纤维素的消化率可达 90%，而粗饲料木质化程度越高，则消化率越低。粗饲料经化学或物理方法处理后，纤维素消化率可提高。

（2）与瘤胃微生物有关　一切影响瘤胃微生物的因素均可影响粗纤维的消化。当饲喂粗料型日粮时，羊瘤胃 pH 值处于中性环境，分解纤维的微生物最活跃，粗纤维的消化率最高；当饲喂精料型日粮时，瘤胃 pH 值下降，纤维分解菌的活动受限制，消化率降低。所以，要保持瘤胃内环境接近中性或微碱性，日粮中应含有适量的蛋白质、可溶性糖类和矿物质元素，以保证微生物活动需要，可提高粗饲料的消化率。

（3）与日粮纤维水平有关　日粮纤维水平低于或高于适宜范围，则不利于能量利用并对羊产生不良影响。

（二）羊氮营养特点

1. 瘤胃微生物对粗饲料蛋白质的作用

饲料中的蛋白质进入瘤胃后，在瘤胃微生物的作用下发生降解，可降解的部分称为瘤胃可降解蛋白，不能被降解的部分称为瘤胃未降解蛋白。瘤胃可降解蛋白在瘤胃微生物的作用下，分解为多肽，多肽进一步降解为游离氨基酸，最后分解为氨、支链脂肪酸和二氧化碳。蛋白质降解产生的氨一部分被瘤胃微生物摄取到菌体内，用于合成菌体蛋白，所合成的菌体蛋白称为微生物蛋白。另一部分氨被瘤胃内壁吸收入血液，随血液循环到达肝脏，在肝内合成尿素，尿素通过唾液腺的分泌和瘤胃内皮进入瘤胃，在瘤胃内重新被降解为氨，作为再循环的内源性氮源，用以合成菌体蛋白，这一过程称为唾液尿素循环。在低蛋白质日粮情况下，反刍动物靠尿素再循环以节约氮的消耗，保证瘤胃内适宜的氨浓度，以利于微生物蛋白质的合成。

瘤胃微生物合成的微生物蛋白和瘤胃未降解蛋白一起进入皱胃和小肠，在皱胃和小肠分泌的消化酶的作用下分解成氨基酸，并被吸收利用。在以放牧为主的情况下，羊需要的氮营养70%以上是由瘤胃微生物蛋白提供；在以植物蛋白为主的舍饲情况下，60%以上的氮由微生物蛋白提供。所以菌体蛋白在羊氮营养中占据相当重要的地位。

瘤胃微生物对饲料蛋白质的降解作用对羊的蛋白质营养存在正负两方面的影响。

(1)正面影响　瘤胃微生物将饲料中特别是粗饲料中品质较低的蛋白质和无生物学价值的尿素等非蛋白氮转化为菌体蛋白，微生物蛋白质的氨基酸组成相对于原饲料蛋白质来说，种类更全面，比例更平衡，必需氨基酸尤其是限制性氨基酸的含量要比原饲料高很多。一般情况下，微生物蛋白质中必需氨基酸足以满足羊的需要。从这方面来说，由于微生物对饲料蛋白质的转化提高了饲料蛋白质的生物学价值，所以微生物对饲料蛋白质的降解对羊的氮营养是有利的。

(2)负面影响　对于饲料中添加的优质蛋白质饲料(如豆粕等)，瘤胃微生物蛋白的合成量虽然也会有所增加，但由于瘤胃微生物在对饲料蛋白分解和再合成菌体蛋白的过程中降低了蛋白质的利用率，尤其是羊育肥阶段，饲料中优质蛋白质含量也不宜过高，否则，宜采用优质蛋白质的过瘤胃保护。

由于瘤胃微生物种类影响蛋白质的降解，因此日粮调整必须逐步进行，以便瘤胃微生物针对新的日粮有充足的适应时间，这对有效利用尿素和其他非蛋白氮尤其重要。

2.影响饲料粗蛋白瘤胃降解率的因素

(1)蛋白质分子结构　蛋白质的结构特征形成降解的阻力，如蛋白质分子中的二硫键有助于稳定其三级结构，增强抗降解力，用甲醛处理可降低蛋白质在瘤胃中的分解。

(2)粗蛋白可溶性　各种饲料蛋白质在瘤胃中的降解速度和降解率不一样,蛋白质溶解度愈高,降解愈快,降解程度也愈高。例如尿素的降解率为100%,降解速度也最快;酪蛋白降解率为90%,降解速度稍慢。植物饲料蛋白质的降解率变化较大,玉米为40%,大多饲料可达80%。根据饲料蛋白质降解率的高低,可将饲料分为低降解率饲料(<50%),如干草、玉米蛋白、高粱等;中等降解率饲料(40%~70%),如啤酒糟、亚麻饼、棉籽饼、豆粕等;高降解率饲料(>70%),如小麦麸、菜籽饼、花生饼、葵花饼、苜蓿青贮等。

(3)在瘤胃的停留时间　饲料蛋白质在瘤胃停留时间的长短也影响蛋白质的降解率。饲料在瘤胃停留时间短,某些可溶性蛋白质也可躲过瘤胃的降解,如停留时间长,不易被降解的蛋白质也可能在瘤胃中大量降解。

(4)采食量　随着采食量的提高,日粮蛋白质在瘤胃的降解率显著降低。有试验表明,采食量高时,葵花饼蛋白的降解率为72%,低食量时则为81%。

(5)稀释率　增加瘤胃液的稀释率,可提高反刍动物瘤胃蛋白质流量,其中一部分来自微生物蛋白,另一部分来自日粮非降解蛋白。饲喂碳酸氢钙或氯化钙,均可提高稀释率,促进蛋白质流入后消化道。

(6)饲喂频率　羊在低进食水平下,增加饲喂频率可提高瘤胃排出非降解蛋白质的比例。

(7)pH值　瘤胃pH值影响日粮蛋白质在瘤胃的降解率。提高采食量或增加日粮精料比例,可降低瘤胃液pH值,偏离细菌适宜的作用范围,可降低饲料蛋白质降解率。而高粗料日粮,瘤胃pH值较高,饲料蛋白质降解率高。

(8)饲料的加工与贮藏　饲料的各种物理和化学处理均可改变蛋白质在瘤胃的降解率,如加热、甲醛处理、包被等。以加热为例,随着加热温度的提高,蛋白质降解率先上升后下降,非降解蛋白先减少再增加,不能被动物利用的蛋白质的量也先减少后增加,所以供给小肠可消化吸收的蛋白量则出现由少到多又减少的变化规律。

3. 氨基酸的营养问题

羊有 9 种必需氨基酸,包括组氨酸(His)、异亮氨酸(Ile)、亮氨酸(Leu)、赖氨酸(Lys)、蛋氨酸(Met)、苯丙氨酸(Phe)、苏氨酸(Thr)、色氨酸(Trp)和缬氨酸(Val)。瘤胃微生物可以利用氨和饲料提供的碳架合成这些氨基酸,以满足羊的生理需要。羔羊由于瘤胃发育不完全,瘤胃内没有微生物或微生物合成功能不完善,合成的氨基酸数量有限,至少需补充这 9 种必需氨基酸。随着前胃的发育成熟,羊对日粮中必需氨基酸的需要会逐渐减少。成年羊瘤胃功能发育完善,降解日粮和合成氨基酸的能力很强,一般无须由饲料中提供必需氨基酸。

羊小肠吸收的氨基酸来源于 4 个方面——瘤胃微生物蛋白质、过瘤胃蛋白质、过瘤胃氨基酸和内源氮。其中瘤胃微生物蛋白和过瘤胃蛋白为主要来源。瘤胃微生物蛋白在小肠的消化率很高,几乎全部消化,而且氨基酸组成也比较合理。

(三)羊能量需要特点

羊体所需的能量来源于碳水化合物、脂肪和蛋白质三大营养物质,最重要的能源是从饲料中的碳水化合物(单糖、寡糖、淀粉、粗纤维等)在瘤胃发酵的产物——挥发性脂肪酸中获得的。羊能量需要的 70%以上是由挥发性低级脂肪酸所提供的。单位重量的脂肪和脂肪酸提供的能量约为碳水化合物的 2.25 倍,但在饲料中的含量比较少,且价格较高,所以作为羊的能量提供物质并不占主要的地位。蛋白质和氨基酸在动物体内代谢也可以提供能量,但是从资源的合理利用及经济效益考虑,用蛋白做能源成本太高,并且产生过多的对机体有害的氨,故在配合日粮时应尽可能考虑通过碳水化合物提供能量。

1. 碳水化合物的分解和利用

大多数谷物(除玉米和高粱)中 90%以上的淀粉通常在瘤胃中发酵,玉米约 70%是在瘤胃中发酵。碳水化合物在瘤胃内降解分两部分:第一部分是高分子碳水化合物(淀粉、纤维素、半纤维素等)降解为单糖,如葡萄糖、果糖、木糖、戊糖等;第二部分是单糖,单糖通过糖酵解生成丙酮酸,再生成挥发性脂肪酸(乙酸、丙酸、丁酸)以及二氧化碳、甲烷和氢等。一般情况下挥发性脂肪酸中 3 种酸的比例大致为:乙酸 50%~65%,丙酸 18%~25%,丁酸12%~30%。粗饲料发酵产生的乙酸比例较高;精饲料发酵产生的丙酸比较高,丙酸可以给羊提供较多的有效能,有利于羊的育肥。当日粮的饲料组成发生改变时,瘤胃微生物的数量和种类也相应地发生变化。当日粮由粗料型突然转变为精料型,乳酸发酵菌不能很快地活跃起来将乳酸转为丙酸,造成乳酸的蓄积,使瘤胃 pH 值下降,乳酸通过瘤胃壁进入血液,使血液的 pH 值降低,可引起乳酸中毒,严重时可危及生命。

2. 能量的作用

饲料中的营养物质进入机体以后,经过分解氧化“燃烧”后大部分能量表现形式为热量。羊生命的全过程和机体活动,如维持体温、消化吸收、营养物质的代谢,以及生长、繁殖、泌乳等均需消耗能量才能完成。当能量水平不能满足机体需要时,羊的生产力下降,健康状况恶化,饲料能量的利用率降低(维持比重增大)。如生长期能量不足,则羊体生长停滞。但羊能量营养水平过高对生产和健康同样不利。能量过剩,可造成机体能量大量沉积(过肥),繁殖力下降。由此不难看出,合理的能量水平对提高羊能量利用率,保证羊的健康,提高生产力具有重要的实践意义。

(四)羊维生素营养特点

羊(除羔羊阶段)瘤胃微生物可以合成足量的 B 族维生素和

维生素K来满足它们的需要，因此在成年羊饲料中不必添加B族维生素和维生素K。大部分动物都可在体内合成足够的维生素C。一般牧草中含有大量维生素D的前体麦角胆固醇，麦角胆固醇在牧草晒制过程中，由于紫外线的作用可转化为维生素D，在日光照射下，这一转化过程也可在羊的皮下进行，因此放牧羊或饲喂青干草的舍饲羊一般不会缺乏维生素D。

瘤胃微生物和羊体本身都不能合成维生素A，而且瘤胃微生物对饲料中的维生素A还有一定的破坏作用，因此通过饲料给羊补充维生素A是有意义的。

（五）羊矿物质营养特点

矿物质营养至少从两个方面对羊产生影响。首先，各种矿物营养是羊维持生长所必需的营养物质，各种矿物质的缺乏或过量，轻则使羊生长发育受阻，重则导致发病甚至死亡：如缺硒引起羔羊白肌病；硒过量则可导致羊中毒等。其次，矿物质元素又是瘤胃微生物的必需营养素，通过影响瘤胃微生物的生长代谢、生物合成等间接影响羊的营养状况。例如，硫是瘤胃微生物利用非蛋白氮合成微生物体蛋白的必需元素，钴是微生物合成维生素B_{12}的必需元素；在饲料中添加铜、钴、锰、锌混合物可有效提高瘤胃微生物对纤维素的消化率，铜和锌有增加瘤胃蛋白质浓度和提高微生物总量的作用；铁、锰和钴能影响瘤胃尿素酶活性，进而影响瘤胃微生物利用非蛋白氮效率。另外，矿物质元素也是维持瘤胃内环境，尤其是pH值和渗透压的重要物质。

二、羊的营养需要

羊在生长、繁殖和生产过程中，需要多种营养物质，包括能量、蛋白质、矿物质、维生素及水。羊对这些营养物质的需要可分为维持需要和生产需要，维持需要是指羊为维持正常生理活动，体重不增不减，也不进行生产时所需的营养物质量；生产需要指羊在进行生长、繁殖、泌乳和产毛时对营养物质的需要量。

由于羊的营养需要量大，相关数值都是在实验室条件下通过大量试验并用一定数学方法（如析因法等）得到的估计值，一定程度上也是受实验手段和方法的影响，加之羊的饲料组成及生存环境变异性很大，因此在实际使用中应做一定的调整。

（一）羊干物质需要

干物质是羊对所有固形物质养分需要的总称，羊干物质采食量占羊体重的3%～5%。羊干物质采食量受个体特点、饲料、饲喂方式以及外界环境因素影响。

（二）能量需要

表达能量需要的常用指标有代谢能和净能。由于不同饲料在不同生产目的情况下代谢能转化为净能的效率差异很大，因此，采用净能指标较为准确。羊的维持、生长、繁殖、产奶和产毛所需净能需要分别进行测定和计算。维持能量需要和生产能量需要的总和就是羊的能量需要量。

（三）蛋白质需要

蛋白质需要量目前主要使用的指标有粗蛋白和可消化粗蛋白。两者的关系式可表达为：

可消化粗蛋白（DP）（g/kg）＝0.87×粗蛋白（g/kg）－2.64

由于以上两种蛋白质指标不能真实反映反刍动物蛋白质消化代谢的实质，20世纪70年代以来，许多国家提出了表达方式不同但基本原理相似的反刍动物新蛋白体系。由于各国测定蛋白降解率与小肠消化率的方法不同，假定参数亦不同，故各国新体系有所差异，都需补充完善。

（四）矿物质营养需要

羊需要多种矿物质，矿物质是组成羊机体不可缺少的部分，它参与羊的神经系统，运动系统，营养的消化、运输及代谢，体内酸碱平衡等活动，也是体内多种酶的重要组成部分和激活因子。矿物质营养缺乏或过量都会影响羊的生长发育、繁殖和生产性能，严重时导致死亡。现已证明，至少 15 种矿物质元素是羊体所必需的，其中常量元素 7 种，包括钠、钾、钙、镁、氯、磷、硫；微量元素 8 种，包括碘、铁、钼、铜、钴、锰、锌、硒。绵羊对矿物质的需要量见表1—1。

表 1—1　绵羊对矿物质元素的需要量

常量元素	需要量(g/d)	微量元素	需要量(mg/d)
钠	0.60～3.30	铜	2.70～28.20
氯	0.70～6.40	铁	6.00～104.00
钾	5.20～27.20	锰	11.00～83.00
钙	1.80～20.70	锌	20.00～113.00
磷	1.30～18.20	钴	0.08～1.06
硫	1.70～8.50	碘	0.40～4.20
		硒[1]	0.02～0.92
		硒[2]	0.03～1.84

注：1)适用于精饲料为主的日粮；2)适用于干草为主的日粮。

(五)维生素需要

维生素是羊生长发育、繁殖后代和维持生命所必需的重要营养物质，主要以辅酶和生物催化剂(酶)的形式广泛参与体内生化反应。维生素缺乏可引起机体代谢紊乱，影响动物健康和生产性能。

体内细胞一般不能合成维生素(维生素 C、烟酸例外)，羊瘤胃微生物能合成机体所需的 B 族维生素和维生素 K。到目前为止，至少有 15 种维生素为羊所必需。按照溶解性可将维生素分为脂溶性和水溶性维生素两大类。脂溶性维生素是指不溶于水、可溶于脂肪及其他脂溶性溶剂中的维生素,包括维生素 A(视黄醇)、维生素 D(麦角固醇 D_2 和胆钙化醇 D_3)、维生素 E(生育酚)和维生素 K(甲萘醌),在消化道随脂肪一同被吸收,吸收的机制与脂肪相同,有利于脂肪吸收的条件,也有利于脂溶性维生素的吸收。水溶性维生素包括 B 族维生素及维生素 C。

表 1-2 是国家研究委员会(2007)推荐的绵羊维生素营养日需要量,可供生产实践中参考。

表 1-2　绵羊维生素的日需要量

名称	幼龄羊	种公羊	母羊
维生素 A(RE/d)	2000~8000	3745~6825	1256~7490
维生素 E(IU/d)	200~800	393~840	212~784

注:RE=1.0 μg 全反式视黄醇=5.0 μg 全反式胡萝卜素=7.6 μg 类胡萝卜素。

(六)水的需要

羊对水的需要比对其他营养物质的需要更重要。一只饥饿羊,可以失掉几乎全部脂肪、半数以上蛋白质和 40%的体重仍能生存,但失掉体重 1%~2%的水,即出现渴感,食欲减退。继续失水达体重 8%~10%,则可引起代谢紊乱。失水达体重 20%,可致羊死亡。

羊对水的利用率很高,但还是应该提供充足饮水。一般情况下,成年羊的需水量约为采食干物质的 2~3 倍,但受机体代谢水平、生理阶段、环境温度、体重、生产方式以及饲料组成等诸多因素的影响。羊的生产水平高时需水量大,环境温度升高需水量增加,采食量大时需水量也大。羊采食矿物质、蛋白质、粗纤维较多,需较多的饮水。一般情况下,当气温高于 30 ℃时,羊的需水量明显增加;当气温低于 10 ℃时,需水量明显减少。气温在 10 ℃时,采食 1 kg 干物质需供给 2.1 kg 的水;当气温升高到 30 ℃以上时,采食 1 kg 干物质需供给 2.8～5.1 kg 水。

妊娠母羊随妊娠期的延长需水量增加，特别是在妊娠后期要保证充足干净的饮水，以保证顺利产羔和分娩后泌乳的需要。一般情况下，泌乳母羊全天需要 4.5～9.0 kg 清洁水。羊饮水的水温不能超过 40 ℃，因为水温过高会造成瘤胃微生物的死亡，影响瘤胃的正常功能。在冬季，饮水温度不能低于 5 ℃，温度过低会抑制微生物活动，且为维持正常体温，动物必须消耗自身能量。

第二节　羊营养代谢病的概念

营养代谢病是指在体内生物化学过程发生障碍时，某些代谢物质如脂肪、蛋白质、嘌呤、钙、铜、铁等堆积或缺乏而引起的疾病。症状轻重不一，诊断依靠临床表现及血、尿等生物化学检查。尚无有效的根治方法，主要是消除病因和对症处理。预后取决于病因、症状的轻重和治疗效果。

营养代谢疾病又称为营养紊乱疾病（Nutritional Disorder）、营养缺乏病、代谢紊乱疾病（新陈代谢障碍病，Metabolic Disorder），是指营养物质的量供给不足或缺乏，或某些养分过量干扰其他养分吸收和利用，如维生素、矿物质等缺乏，引起代谢过程异常改变从而造成机体稳态破坏，导致机体内环境紊乱、一定部位的结构或功能发生异常变化，从而出现一系列复杂的隐性或显性症状的病理生理过程。如羊妊娠毒血症、酮病、羔羊白肌病等。

一、营养代谢病的病因

（一）营养物质摄入不足

日粮不足、饲料品种单一、品质不良、营养不平衡及饲养管理不当等使机体缺乏某种营养物质。

举例：土壤低硒、低铜、低锌导致饲草料中硒、铜或锌不足而发生的动物硒缺乏症、铜缺乏症及锌缺乏症等。

饲养方式改变(规模饲养和集约化经营逐步取代传统庭院式饲养)、高产品种的引进和饲养,对饲料营养要求更高。

(二)某些营养物质摄入过剩

为提高动物生产性能,供给高营养饲料,导致某些养分过剩而发生代谢性疾病。

举例:奶牛干乳期日粮中蛋白质含量过多,碳水化合物不足是酮病发生的主要原因。

集约化养鸡场饲喂动物性饲料过多以及日粮高钙,容易发生鸡痛风病。

(三)营养物质消化吸收障碍

动物患某些影响消化吸收的慢性疾病,如慢性胃肠炎等,影响机体对营养物质的消化吸收。

日粮养分比例不当影响机体对营养物质的吸收。

举例:如日粮中植酸过多与许多金属元素形成植酸盐,降低机体对这些元素的吸收;日粮中钙磷比例不当可发生骨营养不良。

(四)营养物质转化需求过多

在妊娠、泌乳、产蛋和生长发育阶段对各种养分需要量明显增加,若不补充,不能满足机体的需要而发生代谢紊乱。

举例:北方多数放牧动物,怀孕后期及泌乳早期主要在枯草期和青草初期,牧草青黄不接,经常处于营养不良状态,容易发生流产或导致仔畜成活率低,幼畜生长发育缓慢。

(五)抗营养物质

饲料中存在的一些妨碍营养物质消化吸收的物质。

举例:豆科植物中的胰蛋白酶抑制因子;游离棉酚与蛋白质结合成复合物,降低蛋白质的消化率;单宁与蛋白质、CHO(碳水化合物)和消化酶形成复合物,干扰消化过程;植酸降低矿物元素的生物利用率;草酸与钙结合形成不溶性草酸钙,影响钙的吸收利用等。

二、营养代谢病的发病特点

(一)发病缓慢,病程较长

从病因作用到呈现临床症状一般数周、数月,甚至更长时间,有的可能长期不出现明显临床症状而成为隐性型。

举例:人为地减少饲料中钙的含量,1～2 月后能呈现骨软症早期轻微的临床症状;人工食饵造成鼠维生素缺乏症,64 d 呈典型的临床症状,自然情况下发病可能更慢。

(二)发病率高,多为群发,经济损失严重

畜牧业快速集约化发展,传染病逐步得到控制,营养代谢性疾病已成为重要的群发病,遭受的损失愈发严重。

举例:仔猪缺铁发生贫血、幼畜白肌病等可大群发病,生长发育受明显影响,严重者能造成畜禽大批死亡。

(三)多呈地方性流行

营养来源于植物性饲料及部分动物饲料,植物微量元素含量与土壤和水源中的微量元素含量有关,微量元素缺乏症或过多症的发生与特定地区土壤和水源中的微量元素含量有密切关系。

举例:我国 70%的县为低硒地区,缺硒导致人的大骨节病、幼畜白肌病等。

(四)发病与动物的生理阶段和生产性能相关

生长速度快的畜禽、处于妊娠或泌乳阶段特别是乳产量高的家畜、幼畜禽容易发生,舍饲容易发生。

举例:缺铁性贫血主要发生于仔猪,白肌病主要发生在羔羊和犊牛,地方性共济失调仅侵害 1～2 月龄的羔羊,高产奶牛在产后容易发生低血钙性瘫痪、酮病等。

（五）缺乏特征症状

许多营养代谢病缺乏特征性临床症状，主要表现精神沉郁、食欲不振、消化障碍、生长发育停滞、贫血、异食、生产性能下降、生殖机能紊乱等，易与营养不良、寄生虫病或中毒病混淆。

举例：多种矿物质、某些维生素、某些蛋白质和氨基酸缺乏，均可能引起动物的异食癖；锌、碘、锰、硒、钙和磷，钴、铜和钼，维生素A、D、E、C等的代谢状态都可影响生殖机能。

（六）无传染性

营养代谢病在一定区域大批发病，但没有传染性。病畜除继发感染外，体温一般在正常范围内或偏低，这是营养代谢病早期群发时与传染性疾病的显著区别。当供给缺乏的营养或改善机体的代谢状况，疾病可在短期内恢复。

（七）某些代谢疾病与遗传因素有关

动物代谢疾病的易感性在品种、个体之间有一定的差异，如多胎羊更易发生妊娠毒血症。

第三节　羊营养代谢病的危害

羊生产方式的改变（如发展规模化舍饲养羊）必将带来一系列新问题，尤其是羊营养代谢病等群发病。一般来说，人们（主要是政策制定与决策者、养殖业主、兽医技术人员等）通常所能注意到的仅仅是这些疾病的显性型（即临床型，包括最急性型、急性型、亚急性型和慢性型），这只是冰山一角，而真正大量存在的是这些疾病的隐性型（亚临床型）。羊营养代谢病的亚临床型造成羊处于亚健康状态，常常被人们忽视，但其所带来的问题是很严重的，主要有：

1. 羊抵抗力降低

导致羊易为条件致病源所感染而发生大肠杆菌病、支原体病、巴氏杆菌病和一些寄生虫病等；使预防兽医进行的免疫接种效果差，疫苗保护率低；当抵抗力低下的羊发生感染性疾病时（包括疫病），其抗感染治疗的效果差、周期长、费用高。

2. 羊生产性能降低

导致羊生长发育缓慢，饲料利用率低，繁殖性能差。

3. 羊产品品质下降

营养代谢病的亚临床型虽不显病，但会影响羊肉的肉色、系水力和风味等品质指标，缩短羊肉作为商品的货架期，并造成其外观不佳，从而影响羊产业的经济效益。

由此可见，有效地控制舍饲羊营养代谢病对提高羊产业生产效益意义重大。

第四节 羊营养代谢病的发病机理

一、三大有机物质代谢紊乱原理

（一）碳水化合物代谢扰乱

饲料中 CHO 是数量最多的养分，因各种原因动物摄入不足，体内糖得不到补充时可使动物体内代谢发生改变。

1. 肌肉组织释放氨基酸的速度加快

激素平衡的改变使骨骼肌蛋白质分解加快，释放氨基酸。释放出的氨基酸大部分转变为丙氨酸和谷氨酰胺，然后进入血液循环，成为糖异生作用的原料或者成为燃料。

2. 糖异生作用增强

胰岛素抑制糖异生作用，饥饿时胰岛素分泌减少；胰高血糖素促进糖异生作用，加快肝脏摄取丙氨酸并加快机体以丙酮酸异生为糖的速度。饥饿时，氨基酸的糖异生作用增强。肝脏是饥饿初期糖异生作用的主要场所，约占体内糖异生总量的 80%，小部分(约 20%)则在肾皮质中进行。

3. 脂肪动员加强和酮体生成增多

饥饿时，胰高血糖素促进脂肪组织中脂肪的动员，使血浆中甘油和脂肪酸浓度升高。甘油是糖异生的原料，可异生为糖。脂肪酸成为动物体能量来源，且能促进氨基酸、丙酮酸和乳酸的糖异生作用。释放的脂肪酸中，约有 1/4 在肝脏中转变为酮体。饥饿时，血浆中的酮体浓度可高达吸收后状态的数百倍。此时，脂肪酸和酮体成为心肌、肾皮质和骨骼肌的重要燃料。

4. 组织对葡萄糖的利用降低

心肌、骨骼肌、肾皮质等组织摄取和利用脂肪酸和酮体的量增加，可减少这些组织对葡萄糖的摄取和利用。

(二)脂肪代谢紊乱

糖不足使脂肪转化的乙酰 CoA 得不到足够的草酰乙酸，难以缩合成柠檬酸进入三羧酸循环，不能氧化供能；过剩乙酰 CoA 在肝中转为乙酰乙酸，生成β-羟丁酸和丙酮，使奶牛发生酮血、酮尿和低血糖症；酸性的酮体消耗血液碱贮，超过血液代偿能力后，由血液酸中毒又继发组织酸中毒。肝脂增多，肝蛋白(奥古蛋白)合成减少，不能通过脂蛋白将脂肪运走，在肝中积累形成“脂肪肝”。

(三)蛋白质代谢障碍

1. 蛋白质的异常分解代谢

食物缺乏、营养不良时，肌肉组织释放氨基酸的速度加快，释放出的氨基酸转变为丙氨酸和谷氨酰胺，然后进入血液循环，成为糖异生作用的原料或者成为燃料。

肌肉乳酸过多引起肌肉变性、坏死和分解，发生肌红蛋白以正铁肌红蛋白的方式进入血液，又从肾脏排出而引起肌红蛋白尿症现象，如马的麻痹性和地方性肌红蛋白尿症。

2. 核蛋白(嘌呤核苷酸)代谢紊乱

饲料中过量核蛋白水解成嘌呤碱作用于肝脏和组织细胞；或自体组织细胞严重破坏造成大量核蛋白分解，析出核酸。嘌呤碱在肝脏中代谢为次黄嘌呤和黄嘌呤，经黄嘌呤氧化酶作用，依次形成次黄嘌呤→黄嘌呤→尿酸。血中尿酸急剧升高，超出正常(89.3～178.5 μmol/L)5～10 倍以上则形成高尿酸血症，继而发生痛风症。

(四)应激对蛋白质、脂肪与碳水化合物代谢的影响

应激是指作用于机体的一些异常刺激，如创伤、剧痛、冷冻、缺氧、长途运输、高热、惊恐、中毒、感染以及强烈的情绪激动等引起机体的“紧张状态”。

应激伴有一系列神经和体液的变化，包括交感神经兴奋、肾上腺髓质和皮质激素分泌增加，胰高血糖素和生长素水平升高，同时还常有胰岛素分泌减少。

1. 血糖升高

交感神经兴奋引起去甲肾上腺素、肾上腺素和胰高血糖素增加，都可通过激素调节原理作用于肝脏糖原磷酸化酶，促进肝糖原分解；肾上腺皮质激素和胰高血糖素等可使体内糖异生加速；糖皮质激素和生长素使周围组织对糖的利用降低。

2. 脂肪动员加快

胰岛素分泌减少和生长素、糖皮质激素分泌增加，可促进脂肪动员，血浆中游离脂肪酸升高，成为心肌、骨骼肌等组织主要能量来源；组织对脂肪酸利用增强，使糖氧化利用进一步降低。部分脂肪酸可在肝脏中生成酮体，所以血浆中酮体浓度也有不同程度的升高。

3. 蛋白质分解加强

肌肉组织中蛋白质的分解加强，释放出的丙氨酸等氨基酸的

量增加，为肝脏中糖异生作用提供原料；尿素的生成增加，使机体出现氮的负平衡状态，这和饥饿时极为相似。

二、矿物质缺乏及其代谢紊乱原理

（一）钙、磷

钙(Ca)是机体主要结构元素和固定成分。钙离子直接参与平滑肌、骨骼肌、心肌细胞和心脏传导系统细胞中神经冲动的产生，影响中枢和外周神经系统活力，促凝血酶原形成；钙形成骨、奶、蛋壳和参与构成蛋白质大分子的形成。磷(P)与生长、生产与体内生理机能有关，尤其ATP高能磷酸盐是能量积累器和供体。

钙和磷缺乏症有佝偻症、骨软症、骨质疏松症，导致动物生产力下降，繁殖功能减弱。

（二）镁

镁(Mg)和钾是存在于细胞内的主要阳离子，比外液中浓度高10～15倍，与蛋白质和核酸形成复合物，为许多酶系统的激活剂和辅助因子，在核酸和核苷酸代谢中发挥重要作用。在阻断神经末梢刺激上，与钙相反，使肌肉松弛。骨的形成需一定量的镁参与。

镁缺乏症为低镁血症，与钙痉挛相似，动物神经系统变得易兴奋、运动失调，并可见到紧张性抽搐。

（三）硫

硫(S)电子结构决定其性质，如多价、易氧化还原，能够与微量元素、酶和呼吸色素形成复合物。故含硫化合物有相应的许多功能。

硫缺乏（蛋氨酸缺乏）可影响幼畜生长发育，降低动物生产能力。

（四）铁

铁(Fe)化合物血红蛋白、肌红蛋白、细胞色素等在体内具有氧化功能。

铁缺乏时发生小红细胞低色素性贫血，动物生长受阻。

（五）铜

铜(Cu)参与血液形成、成骨过程、毛发及羽毛的色素沉着和角质化过程，为细胞色素氧化酶等十几种酶的组分。

铜缺乏时动物出现贫血和生长发育受阻，有时发生腹泻、毛发褪色、骨骼形成受阻等。羔羊摆腰病是缺铜造成脊髓神经受损所致。

（六）钴

钴(Co)参与维生素 B_{12} 的合成，参与造血过程，激活精氨酸酶等十多种酶。钴缺乏时动物表现贫血、消瘦等。羊的白肝病也与钴的缺乏相关。

（七）锌

锌(Zn)作为酶的组分或激活剂，影响动物生长发育和繁殖、骨骼和血液的形成及核酸、蛋白质和碳水化合物(CHO)代谢。锌维持 RNA 的构型，间接影响蛋白质生物合成和遗传信息传递。

（八）锰

锰(Mn)参与氧化还原反应、组织呼吸和骨骼形成，影响动物生长、繁殖，血液形成和内分泌器官功能。

锰缺乏会造成动物骨骼发育异常和繁殖障碍。

（九）碘

碘(I)参与甲状腺激素合成，调解基础代谢和热的形成过程；影响动物生长、发育和繁殖机能。

碘缺乏会造成动物甲状腺肿、死弱胎。

（十）钼

钼（Mo）是黄嘌呤氧化酶成分，在嘌呤代谢中起重要作用。

钼摄入过多会引起动物继发性铜缺乏病。

（十一）硒

硒（Se）构成谷胱甘肽过氧化物酶（GSH-Px），与维生素E协同作用参与机体抗过氧化，保护细胞免受过氧化物损害；能增强机体免疫机能；参与辅酶A和辅酶Q的合成，同时也是细胞色素的成分。

硒缺乏时会发生羊白肌病。

三、维生素缺乏及其代谢紊乱原理

（一）维生素A

维生素A以视黄醛形式与视蛋白结合成感光物质，起感光及分辨颜色作用；也是合成糖蛋白时寡糖基的载体，对上皮尤其是黏膜的维护起重要作用；也与生殖有关。

维生素A缺乏时动物暗适应不良、夜盲、干眼病（眼干燥症），生长缓慢及不育。

（二）维生素D

维生素D须在肝、肾中转变成1，25-二羟维生素D_3才具有生物活性，能促进小肠和肾小管对钙磷的吸收，并参与骨细胞的转化调节，影响骨钙和血钙的平衡。

维生素D缺乏会导致幼龄动物佝偻病和成年动物骨软病。

（三）维生素E

维生素E抗氧化，易与分子氧及自由基反应，防止细胞膜及亚细胞结构的膜磷脂被氧化，保护细胞膜的完整性；影响繁殖。

维生素E缺乏时动物表现不育、肌肉软弱无力及红细胞脆弱。

（四）维生素 B_1

维生素 B_1（硫胺素）在动物体内转变成焦磷酸硫胺素，是多种脱氢酶及转酮醇酶的辅酶。α-酮戊二酸脱氢酶在三羧酸循环中起关键作用；转酮醇酶在磷酸戊糖途径中促使核糖及 $NADPH+H^+$ 生成。

维生素 B_1 缺乏会造成动物肌肉萎缩无力、心力衰竭。

（五）维生素 B_2

维生素 B_2（核黄素）以黄素单核苷酸及黄素腺嘌呤二核苷酸形式参加各种黄酶或黄素蛋白合成，生物氧化中发挥氧化还原作用。

维生素 B_2 缺乏动物会出现皮炎和皮肤溃疡。

（六）维生素 B_3

维生素 B_3 又称烟酸、尼克酸或维生素 PP，在体内转变为酰基载体蛋白及辅酶，参与脂肪、糖和蛋白质等代谢中 70 余种酶催化反应。

烟酸缺乏时动物会出现脂肪、糖和蛋白质代谢障碍，临床上以体重减轻、被毛发育不全、鳞垢性皮炎、脱屑为特征，还会引起共济失调、腹泻等。

（七）维生素 B_{12}

维生素 B_{12} 在体内与四氢叶酸协同参与同型半胱氨酸的甲基化作用，还是 L-甲基丙二酸单酰 CoA 变位酶辅酶的组分。

动物维生素 B_{12} 缺乏时，同型半胱氨酸甲基化作用不能进行，使 N5 甲基四氢叶酸大量积聚，造成叶酸缺乏而导致恶性贫血，还可影响脂肪酸的合成，致使髓鞘质变性退化而出现神经症状。

第五节　营养代谢病的诊断方法与防治原则

一、营养代谢病的诊断方法

（一）首先要排除传染病、寄生虫病和中毒性疾病

许多营养代谢疾病呈群发、人兽共患和地方流行等特点。诊断时应排除病原微生物、寄生虫感染及可疑毒物，如抗菌、驱虫药物治疗收效甚微，或仅对某些并发症有效。使用针对性营养缺乏物质有良效时可提示诊断。

（二）动物现症调查

1. 群养动物长期生长迟缓、发育停滞、繁殖机能低下，屡配不孕，常有流产、死胎、畸胎生成，精子形态异常等。

2. 有不明原因的贫血、跛行、脱毛、异食等非典型症状。

3. 高产（产乳、产蛋）畜禽易出现各种临床症状者可提示诊断。

（三）饲料调查

许多营养代谢疾病是因饲料中缺乏某些营养成分引起。据现症调查和初步治疗，对可疑饲料中针对性养分进行测定，并和动物营养标准相比较。检测当前饲料和病前饲料，查可疑养分及其颉颃物，如测定钼的同时测铜，测锌的同时测钙等。

（四）环境调查

放牧动物应测土壤、植物、饮水中某些养分、施肥习惯、土壤pH 值、含水量、动物饮用水源是否受到污染及污染程度等。

我国江西耕牛钼中毒就是因矿山尾砂水污染，钼经稻草而进入牛体，引起条件性缺铜所致。

（五）实验室诊断

据病因分析和病理变化，选择采集血液、尿液、乳汁、被毛、组

织等有关样品进行某些养分和相关理化指标及代谢产物测定，辅助诊断。

如硒缺乏时动物血液和组织中谷胱甘肽过氧化物酶(GSH-Px)活性明显降低，铜缺乏可测定血浆铜蓝蛋白含量和超氧化物歧化酶(SOD)活性。

(六)防治试验

某些营养缺乏性疾病可在高发区选择一定数量病畜和临床健康动物，通过补充缺乏养分，观察治疗和预防效果，进一步验证病因。

(七)动物试验

据实验室分析结果人工复制动物模型，需要严格控制日粮中可疑养分，严格控制试验条件，才能确保试验成功。

二、营养代谢病的防治原则

1. 加强饲养管理

供给全价日粮，根据生产阶段机体需要及时、合理调整日粮。

2. 定期监测畜群

早预测、预报，为采取措施提供依据。

3. 综合防治措施

区域性矿物质代谢障碍性疾病可采取改良土壤、植物喷洒、饲料调换、日粮添加等方式；反刍兽可通过瘤胃投服缓释微量元素丸剂。

4. 群养动物营养代谢疾病防治关键

准确、均匀、经常、经济和方便。日粮或饮水中准确地补充目标营养成分；放牧动物季节性营养不良的预防，可采取人工种草、补饲精料、圈养、季节性驱虫和发展季节性畜牧业措施。

5. 规模饲养

补充目标养分更经济，更方便，更节省人力。

第二章 常见羊营养代谢病

第一节 糖、脂肪及蛋白质代谢障碍性疾病

一、羊酮血症

羊酮血症（sheep ketonemia）又称酮病（ketosis）、醋酮血病（acetone blood disease）或酮血病（ketone blood disease），是由于蛋白质、脂肪和糖代谢发生紊乱，酮（丙酮）化合物蓄积在血液、乳、尿及组织内而引起的疾病，临床上以酮血症、酮尿症、酮乳症和低糖血症为特征。病羊主要表现为喜吃干草、拒食精料、异食、神经症状，尿液和乳汁有特异的丙酮气味，脂肪肝病变等。

（一）病因

（1）本病是因动物体内碳水化合物及挥发性脂肪酸代谢紊乱，主因饲喂含蛋白质和脂肪类饲料过多，而碳水化合物类饲料（粗纤维丰富的干草、青草、禾本科谷类、多汁的块根饲料等）相对或绝对不足。

（2）突然给予多量蛋白质和脂肪饲料，特别是在缺乏糖和粗饲料的情况下供给多量精料导致发病。

（3）在泌乳高峰期，高产母羊需要大量能量，当所给饲料不能满足需要时，就会动员体内脂肪储备，因而产生大量酮体，从而发生酮血症。

（4）怀孕后期胎儿发育较快，母体代谢失调，引起脂肪代谢障

碍，脂肪代谢氧化不完全，产生中间代谢产物酮体所致（见妊娠毒血症）。

（5）继发于前胃弛缓、真胃炎、子宫炎和饲料中毒等。

（6）妊娠期肥胖，运动不足，饲料中缺乏维生素 A、维生素 B 及矿物质等，都可诱发本病。

（7）从自然分布分析，多见于缺乏豆科牧草的荒漠和半荒漠地带，尤其是前一年干旱，第二年更易发病。

（8）种羊精料饲喂量较大时也常发病。

（二）流行病学特点

绵羊多发生于冬末春初，山羊发病没有严格的季节性。多见于冬季舍饲的奶山羊和高产母羊泌乳的第一个月，多见营养好的肥胖羊、高产母羊及妊娠羊发病，死亡率高。

（三）临床症状及病理解剖变化

1. 临床症状

多在产后几天至几周出现，以消化紊乱和神经症状为主。初期，病羊掉群，不能跟羊群放牧，视力减退，呆立不动，驱赶强迫其运动时，步态摇晃。后期意识紊乱，不听使唤，视力消失。神经症状常表现为头部肌肉痉挛，并可出现耳、唇震颤，空嚼，口流泡沫状唾液。有时由于颈部肌肉痉挛，可见头后仰或偏向一侧，或转圈运动，若全身痉挛则突然倒地死亡。发病期间，病羊食欲减退，前胃蠕动减弱，黏膜苍白或黄染，体温正常或略低，呼出的气体及排出的尿有相同的酮味（烂苹果味）。

2. 主要剖检变化

肝脏脂肪变性，色黄质脆，严重病例的肝比正常的大 2～3 倍。多数病例出现黄疸。所有病羊尸体脂肪储备耗尽，大网膜上脂肪极少或无。剖检过程中可嗅到明显的酮味（烂苹果味）。

(四)临床实验室检查

血清生化检查以低糖血症、酮血症为特征。采用亚硝基铁氰化钠法检测尿酮体和乳酮体均为阳性。

(五)诊断要点

根据病羊出现的特征性的神经症状,乳汁、呼出气体及尿液有相同的酮味(烂苹果味),以及剖检出现脂肪肝等临床变化可做出初诊。临床实验室检查以出现低糖血症、酮血症、酮尿症和酮乳症等为特征,可确诊。

(六)防治

1. 预防

加强妊娠母羊冬季饲养管理,注意防寒。供给富含糖类、维生素和矿物质等营养充足的饲料,如春季补饲干草,适当补饲精料(豆类)、葡萄糖粉、食盐等;冬季补饲甜菜根、胡萝卜等。母羊妊娠前期或空怀期不要过肥,也不要过瘦。加强母羊分娩前的运动和补饲。

2. 治疗

原则是解除酸中毒,补充葡萄糖,提高酮体利用率,调整瘤胃机能。继发性酮病以根治原发病为主。

(1)补糖　口服丙酸钠,每天每只羊 30～100 g,分 2 次给予,连用 10 d。饲料中拌以丙二醇 50 g 或甘油 20～30 g,每天 2 次,连用 2 d,随后日用量降为 10 g,每天 1 次,连用 2 d。口服或拌饲前静脉注射葡萄糖疗效更佳。

(2)激素疗法　对于体质较好的病羊,肌内注射促肾上腺皮质激素(ACTH)20～50 U,刺激糖异生,抑制泌乳,改善体内糖平衡。

(3)解除酸中毒　静脉注射 5%碳酸氢钠 20～50 mL,每天 2 次。

(4)调整瘤胃机能　内服健康羊新鲜瘤胃液 300～500 mL,每天 2 次,或促反刍散 25 g。

病例一:母羊产双羔,分娩后 20 d 发病,消瘦,主要表现卧地不起,意识紊乱,视力障碍,呼出气体及尿液有烂苹果味。体重60 kg。

静脉注射:①10%葡萄糖酸钙 30 mL+50%葡萄糖 60 mL+5%葡萄糖 100 mL;②10%葡萄糖 200 mL+地塞米松 5 mg;③5%葡萄糖 150 mL+肌苷 200 mg+维生素 C 1 g;④5%碳酸氢钠 30 mL+5%葡萄糖 100 mL。每天 1 次,连用 3～5 d。

肌内注射:复合维生素 B 10 mL,每天 2 次,连用 5～7 d。

口服:丙酸钠 50 g,或丙二醇 50 g,或甘油 30 g,每天 2 次,连用 7～10 d。

拌料:饲料补足多种维生素、钙剂及微量元素预混剂。

病例二:发病母羊体重 50 kg。

静脉注射:①25%葡萄糖酸钙 100 mL;②5%葡萄糖 150 mL+肌苷 200 mg+维生素 C 1 g。每天 1 次,连用 3～5 d。

肌内注射:地塞米松磷酸钠注射液 5 mg,每天 1 次,连用 2～3 d。

口服:醋酸钠 15 g,每天 2 次,连用 5 d。也可应用水合氯醛 3 g,麸皮 20 g,加水适量调和,灌服,每天 1 次,连用3～5 d。

饮水:每天补充硫酸钴 4 mg,投入饮水中口服,对本病治疗有辅助作用。

二、绵羊妊娠毒血症

绵羊妊娠毒血症(sheep pre-eclampsia)又称妊娠中毒症(pregnancy toxemia in sheep),是妊娠后期母羊因碳水化合物和挥发性脂肪酸代谢障碍而发生的一种亚急性营养代谢性病。以低血糖、酮血、酮尿和神经功能紊乱(虚弱、失明和瘫痪)为主要特征。

本病与醋酮血症生化紊乱基本相同，但属于两个病，发生在妊娠和泌乳周期的不同阶段。

(一)病因

(1)主要见于怀双羔、三羔或胎儿过大的母羊。主因胎儿与母羊争夺营养造成母羊营养代谢紊乱所致。

(2)在天气寒冷、运输等应激条件作用下，饲料营养(能量、蛋白、脂肪等)供应不足(如饥饿)，或舍饲羊缺乏精料，冬季牧草不足，均可造成妊娠后期母羊发病。

(3)妊娠母羊缺乏运动，空怀期和妊娠早期过肥，或妊娠后期突然减少饲草摄入数量，易患此病。

(4)饲料单纯，维生素和矿物质(包括微量元素)缺乏可促进发病。

(二)流行病学特点

绵羊、山羊均可发生，以绵羊发病居多，多见于舍饲羊和多胎羊。常发生在妊娠后最后一个月内，以分娩前 10～20 d 居多。冬季和早春青黄不接时多发。所产羔羊多为弱羔、死羔，多在出生后一天死亡。同群公羊等非妊娠羊不发病。

(三)临床症状及病理变化

1. 临床症状

主要临床症状为妊娠后期母羊精神沉郁，食欲减退，可视黏膜黄染，运动失调(步态不稳，无目的原地走动，或将头部紧靠在某一物体上或做转圈运动)，呆滞凝视，甚至失明，头向后仰或弯向一侧，卧地不起，昏睡，四肢做不随意运动，全身痉挛。有的病羊突然倒地死亡。病羊体温正常或偏低，为 36.6～38.0℃(绵羊正常体温为 38～39.5℃)，呼吸浅表，心跳加快，呼出的气体和尿液有丙酮气味(烂苹果味)。

病程持续 3～7 d，少数病例拖延稍久，而有些病例发病后 1 d

内死亡。病变死亡率可达70%～100%。病羊如果流产或者经过引产终止妊娠及适当治疗，饲养和营养状态得到改善，症状可以减轻而免于死亡。

2. 病例剖检变化

剖检常发现肝脏肿大、质脆和脂肪变性，切面呈土黄色。多胎，便秘，高度营养不良（皮下、肠系膜及大网膜脂肪消失）。肾脏呈软泥状，质地较脆，肾上腺肿大。解剖过程中伴有丙酮气味。病羊常怀有多羔。

（四）实验室检查要点

血清生化检查。血糖（GLU）可从正常时的3.33～4.99 mmol/L降低至0.14 mmol/L；血清酮体（KET）浓度从正常时的5.85 mmol/L可升高达500 mmol/L。

（五）诊断要点

根据流行病学、临床症状和病理剖检变化特点，如出现神经症状、闻到烂苹果气味、皮下及大网膜脂肪消失或极少、肝脏脂肪变性等可初步诊断。确诊需进行实验室检验，如测定血糖、血酮、尿酮等。静脉输注25%葡萄糖注射液，可使症状缓解（治疗性诊断）。

（六）防治

1. 预防

（1）合理搭配饲料是预防妊娠毒血症的重要措施。对怀孕后半期的母羊必须饲喂营养充足的优良饲料，如补饲精料，每天0.5～1 kg，保证供给母羊所必需的碳水化合物、蛋白质、矿物质和维生素。

（2）每当降雪之后，天气骤变或运输时应补饲胡萝卜、甜菜或青贮等多汁饲料，对预防本病有重要作用。

（3）对于完全圈养不放牧的母羊，应每天进行驱赶运动两次，每次30 min；在冬春牧草不足季节，对放牧的母羊应补饲适量的青干草及精料。

(4)发现本地区羊群出现妊娠毒血症病例,应立即采取措施,给怀孕母羊普遍补饲胡萝卜、豆料、麸皮等优质饲料。有条件的还可饲喂小米汤、糖浆等含糖多的食物,这样可以防止发病或降低畜群的发病率。

(5)隔离治疗已发生本病的母羊,防止在群饲过程中群羊争食时踩踏倒地母羊,引起该羊流产。

2. 治疗

治疗原则为补糖、保肝、解毒、补液及调整酸碱平衡。

病例一:发病母羊体重 60 kg。

静脉滴注:①25%葡萄糖 100 mL+维生素 C 1 g;②10%葡萄糖 200 mL+氢化可的松 75 mg;③10%葡萄糖 100 mL+肌苷 100 mg+维生素 B_6 100 mg;④0.9%氯化钠 200 mL+5%碳酸氢钠50 mL。

肌内注射:维生素 B_1 100 mg。

口服:金蟾速补钙 60 mL,10%硫酸镁 40 mL 混合灌服。

以上用药每天 1 次,连用 5~7 d。

病例二:发病母羊体重 50 kg。

静脉滴注:①50%葡萄糖 100 mL+维生素 C 1 g;②10%葡萄糖 100 mL+地塞米松 10 mg;③10%葡萄糖 100 mL+肌苷 100 mg+维生素 B_6 100 mg;④0.9%氯化钠 100 mL+5%碳酸氢钠 100 mL。

肌内注射:①维生素 B_1 100 mg;②胰岛素 8 IU。

口服:金蟾速补钙 50 mL,10%硫酸镁 50 mL 混合灌服。

以上用药每天 1 次,连用 5~7 d。

病例三:发病母羊体重 50 kg,瘫痪严重。

静脉滴注:①10%葡萄糖 250 mL+维生素 C 1 g+肌苷 100 mg+维生素 B_6 100 mg;②10%葡萄糖 100 mL+地塞米松

15 mg;③10%葡萄糖 50 mL+10%葡萄糖酸钙 30 mL;④0.9%氯化钠 100 mL+5%碳酸氢钠 30 mL。

肌内注射:复合维生素 B 5 mL+维生素 B_1 100 mg。

口服:10%葡萄糖酸钙 30 mL,10%硫酸镁 30 mL 混合灌服。

以上用药每天 1 次,连用 5~7 d。

病例四:妊娠母羊 40 kg,诊疗条件差。

静脉滴注:①5%葡萄糖生理盐水 500 mL;②50%葡萄糖 100 mL+地塞米松 10 mg。

口服:每只羊磷酸氢钙或碳酸钙 10~20 g/次,拌料。

每天 1 次,连用 5~7 d。

如果上述用药 3 d 无效时,可行剖宫产术或人工引产,摘除胎儿,母羊症状多随之减轻。

三、羔羊低糖血症

羔羊低糖血症(hypoglycemia of lamb)亦称新生羔羊体温过低症,俗称新生羔羊发抖,常见于哺乳期的绵羊羔和山羊羔,特征是羔羊寒战,如不采取正确的急救措施,发病羔羊会很快昏迷死亡。

(一)病因

初生羔羊血糖含量约为 500 mg/L,是出生后最初的热能来源,但以下各种原因常可使新生羔羊血糖迅速耗尽而发病。

(1)羔羊出生时过于虚弱。

(2)初生羔羊喂奶延迟,尤其是天气寒冷、气温过低时,如不及时喂奶,羔羊会因为体内能量储备不足而引起体温下降,从而发生寒战。

(3)母羊缺奶或拒绝给羔羊哺乳。

(4)羔羊患有消化不良或肝脏疾病。

(5)羔羊内分泌紊乱。

（二）临床症状

由于血糖下降，病初羔羊全身发抖、被毛逆立、拱背、盲目行走、步态不稳、共济失调，继而卧地、抽搐翻滚，常持续 15～30 min 自行终止，也可能维持较长时间不能恢复，一般多为阵发性发作。早期症状较轻者，体温降至 37℃左右，呼吸急促，心跳加快。重者身体发软，四肢痉挛，站立困难，耳梢、鼻端和四肢末梢部位发凉，排尿失禁，最后躺卧蜷缩，昏迷安静。如得不到及时救治，会很快死亡。

（三）防治

1. 预防

（1）加强妊娠母羊的饲养管理，妊娠后期给予充足的富含碳水化合物的饲料。

（2）给缺奶羔羊进行人工哺乳，尽量做到定时、适量。

（3）及时治疗羔羊的消化不良和肝脏疾病等原发病。

（4）对于发病羔羊群，可补喂葡萄糖。

2. 治疗

若及时采取适宜的治疗措施，大部分羔羊会很快恢复健康。

（1）注意保暖，将羔羊放到温暖的地方，用热毛巾摩擦羔羊全身。有条件的可设置保温箱。保温箱里面安装灯泡和风扇。

（2）及早提供能量，可灌服 5%葡萄糖溶液，每次每只 30 mL，每天 2～3 次。也可每只饲喂葡萄糖 10～25 g，分 2～3 次口服。

对于重症昏迷的羔羊，口服葡萄糖溶液比较危险，应注射给药，每次每只可给予如下药物。

方一：①25%葡萄糖 20 mL；②5%葡萄糖生理盐水 20～30 mL。静脉注射，每天 1～2 次，连用 3～5 d。

方二：①5%葡萄糖 10 mL＋50%葡萄糖 10 mL＋10%氯化钾注射液 1 mL，静脉注射；②10%葡萄糖 15 mL＋生理盐水 15 mL＋地塞米松磷酸钠 0.5 mg，静脉注射；③复合维生素 B 注射液1～

2 mL，肌内注射。以上用药每天 1～2 次，连用 3～5 d。

方三：5%葡萄糖溶液加温至 38℃，深部灌肠，每次 30～50 mL。羔羊苏醒后可用胃管投服温热的初乳，或让羔羊自行哺乳。人工哺乳时，初乳的温度很重要，否则羔羊会表现急躁不安或拒食。初乳用量在最初的 24 h 内应达到 1 000 mL。

四、黄脂肪病

黄脂肪病(yellow fat disease)是多种原因引起的病羊胴体脂肪组织呈橙黄色的一种病症。

(一)病因

(1)饲料中不饱和脂肪酸添加过量，维生素 E 不足，铜添加过量。

(2)饲料加工房、储存库及圈舍内高温、高湿，致使饲料中的不饱和脂肪酸发生氧化变质。

(3)肥育期间不饲喂粗饲料，肥育时间过长，营养物质供给不平衡等。

(二)症状

多见于肥育羔羊，食欲好的羊更易发病，多数病羊常无临床症状。少数病羊在肥育 70 d 左右开始出现临床症状，表现为被毛蓬松、缺乏光泽，不爱活动、乏力、发呆，不吃草料，头抵水槽，反刍减少，粪便黏稠。体温 39.5～40℃，脉搏 100～120 次/分，呼吸 40～60 次/分，部分病羊后肢麻痹，站立不稳，共济失调。本病治疗无效，则昏迷而死。

(三)病理变化

屠宰时发现血液黏稠、发黑，凝固不良；体脂呈柠檬黄色，骨骼肌和心肌呈灰白色，质脆，松软不坚实，个别有异常腥味；个别病羊肝脏呈黄褐色，轻度肿大，质脆；肾脏发黑，质软易碎，切面多汁，皮质部呈紫黑色,髓质呈黄色;淋巴结水肿,有出血点;胃肠黏膜充血;胆囊肿大,胆汁浓缩。

本病主要特征是脂肪组织明显炎症,发生广泛的纤维化;肝脏细胞、肾脏细胞、心脏细胞出现颗粒变性,脂肪变性及坏死等。

(四)诊断

多数病羊不表现明显的临床症状,只极少数病羊表现食欲减退,发呆,可视黏膜黄染。血常规检查:红细胞总数(RBC)增多,血红蛋白(HGB)水平降低;白细胞总数(WBC)降低,嗜中性白细胞(NEU)增多。临床上多数病例是在屠宰时才发现。

(五)鉴别诊断

1. 与黄疸相鉴别

黄脂肪病临床可见脂肪组织橙黄色,其他组织颜色正常。黄疸主要是由于胆红素生成过多或排出障碍,以至血中胆红素浓度增高,引起全身组织器官黄染,尤以关节囊滑液、组织液和皮肤发黄为甚。

2. 检疫判定

黄脂肪病可见皮下及肾脏周围脂肪组织呈典型的柠檬黄色,肝脏呈土黄色,肌间脂肪着色程度较浅,其他组织均没有黄染现象,黄脂具有血腥臭味,多数情况下随放置时间的延长黄色逐渐减退。若黄脂肉除了脂肪组织染黄外,皮肤、黏膜、结膜、关节滑液、腹水、组织液、血管比、肌腱等都有不同程度的黄染现象,同时脂肪松软不坚实、伴有异常腥味、外观差,且放置时间越长黄色越深,具有这种特征的黄脂可认定为黄疸肉。

(六)预防措施

本病治疗无效,重点做好预防。

1. 提高饲料品质

减少饲料中不饱和脂肪酸,不添加劣质油脂,添加足量维生素

A、维生素 B_{12}、胆碱、蛋氨酸。预混料载体用脱脂油糠；增加维生素 E、硒和抗氧化剂的用量，每天补饲维生素 E 800～1 000 mg；控制米糠和小麦麸皮的用量。

2. 加强饲料生产中的品质控制

保持生产线良好的通风，定期检测常用原料中脂肪酸的氧化程度，特别是用量大、脂肪含量高的原料，杜绝使用氧化酸败的饲料原料；严格饲料添加剂配方和生产工艺，如高铜的配方可促使饲料中的油脂氧化酸败而导致黄脂，加大了维生素 E 的需要量，尤其在湿热的条件下更是如此。在高温、高湿、高铜的条件下调制饲料颗粒时，这种黄脂变化会更为迅速。

3. 加强肥育饲养管理

不得随意改变饲料配方或浓缩料使用比例；肥育期间始终要饲喂粗饲料，确保瘤胃发挥功能；肥育后期尽量少喂米糠、玉米、豆饼、胡麻饼等；坚决不喂发霉玉米；使用陈玉米时，要测定脂肪酸价，同时可以添加抗氧化剂和霉菌毒素吸附剂；不能添加动物油脂和泔水渣；添加适量的胆碱及复合维生素以促进肝脏代谢。

五、羔羊消化不良

羔羊消化不良(dyspepsia of lamb)是羔羊胃肠消化机能障碍的统称，临床上以明显的消化机能障碍和不同程度的腹泻为特征。

(一)病因

(1)母羊妊娠后期饲养管理不善，营养不良，所产羔羊体形瘦弱，胃肠机能欠佳。

(2)羔羊饮食不当，如采食量过大，食物及饮水温度过低以及顶风采食等原因均可引发羔羊消化不良。

(二)症状

病羔精神不振，食欲降低，但体温正常。由于消化不良，食物不能充分消化利用，病羔逐日消瘦，但全身症状轻微。

（三）防治

1. 预防

加强母羊妊娠后期的饲养管理及羔羊出生后的护理。

2. 治疗

羔羊消化不良可采用下列药物：

方一：口服人丹，每次 2 粒（袋），2 次/d，至食欲好转后停药。

方二：静脉注射①10％氯化钠注射液 20 mL；②20％葡萄糖注射液 100 mL＋维生素 C 1 g。1 次/d，一般连用 2～3 次有效。

方三：口服乳酶生片，一次 2～3 片，2～3 次/d，连用 3～5 d。

还可选用中药椿皮散、健胃散等，均有良效。

第二节　常量元素代谢障碍性疾病

一、食毛症

食毛症（trichophagia）亦称脱毛症，是一种主要发生于成年绵羊、山羊的以嗜食被毛成癖、被毛脱落为特征的非寄生虫性、营养缺乏性疾病。病羊皮肤无病变，多散发或呈地方性流行。其不同于羔羊吮乳时所发生的舔毛症（wool-picking），后者无嗜毛成癖症状，只要改善母羊乳房卫生状况即可自然消失。本病在我国西北、东北各地均有报道，以新疆、青海和甘肃发病较多，在甘肃河西走廊的荒漠草场表现呈极为严重的地方性流行疾病，给当地牧业生产曾造成了巨大的经济损失。

（一）病因

病区外环境缺硫，导致牧草含硫量不足，造成成年绵羊、山羊体内常量元素硫缺乏是本病的主要病因之一，发病羊被毛硫含量明显低于正常值。同时当地牧草中氟含量较高、铜含量不足和高磷低钙型钙磷比例不当也是诱发因素。常见的发病羊群终年只限制在同一狭小地域放牧、饮水，而该地域处于区域性季节性硫元素供应不足。

有报道认为，钙、磷、钠、铜、锰、钴等饲料矿物元素缺乏，维生素和蛋白质供给不足是引起本病发生的基本原因，也有人强调饲料中缺乏含硫氨基酸是主要原因。某些地方以补锌、铜的方法治疗本病的试验获得满意效果。

本病具有明显的季节性和区域性，发病仅局限于终年只在当地草场流行病区放牧的羊只，当羊群到外地放牧时，已有症状可在短期内消失，而一旦返回病区后，过一段时间则又可复发。本病多发生在 11 月至翌年 5 月，1～4 月为高峰期，当青草萌发并能供以饱食时即可停止。山羊发病率明显高于绵羊，其中以山羯羊发病率最高，发病羊只无性别差异。

（二）致病机理

硫是机体必需的常量矿物元素之一。其在羊体内的含量约为 0.15%，以合成多种含硫有机物存在并实现其作用。其合成的含硫氨基酸，如蛋氨酸、胱氨酸、半胱氨酸等，占体蛋白的0.6%～0.8%。还有硫胺素、生物素等维生素，骨与软骨中的硫酸软骨素，参与胶原和结缔组织的黏多糖以及含硫酸酶等在机体代谢中起着不可替代的重要作用。被毛蛋白质含硫相对集中，绵羊毛蛋白质中约含 4%的硫。羊对硫的吸收利用因品种而异，当饲料蛋白质供给不足或蛋白质外硫源不足时，则会发生硫元素缺乏。此时由于硫代谢紊乱，病羊出现采食量下降，生长缓慢，掉毛脱毛，并以本能的“吃毛补毛”来补偿硫元素的不足，从而表现出了“食毛症”。

（三）主要症状和病理变化

成年羊被毛无光泽，色泽暗，营养不良，不同程度地贫血，体温、脉搏正常。发病羊只啃食其他羊只或自身被毛，每次可连续啃食 40～60 口，每口啃食 1～3 g，以背、颈、胸、臀部啃毛最多。被啃食羊只，轻者被毛稀疏、重者大片皮肤裸露，甚至全身净光，最终因寒冷而死亡。有些病羊出现掉毛、脱毛现象。采食羊只亦逐渐消瘦、贫血、食欲减退、消化不良，抑或发生消化道毛球梗阻，表现肚腹胀满、腹痛，甚至死亡。部分病羊还可出现采食毛织品、煤渣、墙皮、石块、塑料袋、地膜等异食癖症状。

（四）诊断要点

根据绵羊、山羊啃食被毛成瘾，大批羊只同时发病，症状相同，且具有明显的地域性和季节性，即可初步诊断。对流行病区土、草、水和病羊被毛进行矿物质检测，硫元素供给不足和含量低于正常范围，以含硫化合物补饲病羊疗效显著，即可确诊。

（五）预防措施

1. 预防

(1)对发病率高的羊群用药物颗粒饲料补饲，时间从 1 月初到 4 月中旬，开始以连续补饲为宜，而后视发病情况减量间断补饲。建议使用如下配方的含硫颗粒饲料：硫酸铝 143 kg，生石膏 27.5 kg，硫酸亚铁 1 kg，玉米 60 kg，黄豆 65 kg，草粉 950 kg，水 45 kg，用颗粒饲料加工机经搅拌加工成直径为 5 mm 颗粒。放牧羊平均每天每只 20～30 g，可盆饲或散于草地上自由采食。

(2)建议有关部门合理划拨病区之外的山地草场供病区羊只轮牧使用，轮牧时间以秋冬为宜。尽可能减少单位面积的载畜量，以减轻草场负荷，提高羊群体质。

(3)增加牧业投资，改造棚圈，建造冬季塑料大棚以代替传统的露天棚圈，防风防寒而缓解羊只掉膘。同时，加强羊群越冬饲养管理，及时更换圈舍垫粪以保持干燥。

(4)发病绵羊、山羊应分圈过夜。推广绵羊罩衣措施以减少掉毛，同时亦有保温防寒功效，对本病有一定的防治作用。

2. 治疗

用硫酸铝、硫酸钙、硫酸亚铁等含硫化合物治疗病羊可在短期内取得满意的疗效。发病季节坚持补饲以上含硫化合物。硫元素用量可控制在饲料干物质的 0.05%，或成年羊每只每天 0.75～1.25 g，即能收到中长期的防治作用。补饲方法以含硫化合物颗粒饲料为主，投服方便，适于治疗大群羊只发病。若仅有个别病羊，灌服硫酸盐水溶液治疗即可。用有机硫化合物如蛋氨酸等含巯基的氨基酸治疗本病效果更好。

同时，还需给病羊增喂维生素和微量元素，如硫酸铜、畜用生长素等。冬季增加胡萝卜、青干草、苜蓿、青贮玉米等也可起到一定的预防作用。

在该病治疗过程中，还应注意清理胃肠，维持心、肝、肾等内脏功能，防止病情恶化。

二、骨软症

骨软症(osteomalacia)是由于骨化作用已经完成的成年动物软骨内钙磷代谢紊乱而发生的以骨质脱钙、骨质疏松和骨骼变形为特征的一种骨营养不良症。

(一)病因

(1)饲料中磷供给不足，如长期饲喂精料和多汁饲料而没有补充钙剂等。

(2)饲料中钙、磷比例严重失调。

(3)母畜妊娠后期、哺乳期，需要大量钙、磷供应胎儿和仔畜，而使母畜体内钙、磷缺乏。

(4)母羊长期消化不良。

(5)钙、磷同时缺乏或维生素 D 缺乏(维生素 D 不足以及长期缺乏阳光照射等)。

（二）流行病学特点

本病主要发生于泌乳母羊和妊娠后期的母羊。

（三）临床症状及病理变化

临床特征是消化紊乱、异食、跛行及骨骼变形。早期症状易被忽视或被误认为前胃松弛，或创伤性网胃炎，继而出现异食癖，如咀嚼垫草、啃咬骨头、吞食胎衣等。逐渐呈现跛行，骨关节疼痛，肋骨、肱骨易发生骨折，步态拘谨，后躯摇摆，游走性跛行等症状。

（四）实验室检查

采病羊血液检查，血清钙浓度正常或升高，血清磷浓度下降，血清碱性磷酸酶（ALP）活性显著升高，血清游离羟脯氨酸浓度升高是早期诊断骨软症的主要指标。

（五）诊断要点

临床特征是消化紊乱、异食、跛行及骨骼变形，配合日粮组成分析及治疗效果判断等，不难诊断。常见于羔羊等幼龄畜禽。碱性磷酸酶活性升高，血磷浓度下降，血钙浓度正常或升高等，有助于诊断。额骨穿刺及骨硬度测定对判定疾病中期还是后期意义重大。

（六）防治

1. 预防

（1）注意日粮中钙磷比例和绝对含量，并注意补充维生素 D_3，是防治本病的关键。

（2）定期或不定期进行检查，尤其注意发现亚临床症状的病畜。

（3）给予适当的日光照射。

2. 治疗

（1）早期出现异食癖时，针对饲料中钙磷不足，可采取补饲措施，如碳酸钙、贝壳、脱氟磷酸氢钙、青绿饲料、优质干草等，可不用药而自愈。严重病例（跛行、骨变形）除补充钙剂外，还应补充磷。以20%磷酸二氢钠300～500 mL静脉注射或3%次磷酸钙1 000 mL静脉注射，每天1次，连用3～5 d。

（2）口服磷酸二氢钠，日服20～30 g可使骨密度明显增加。同时增加日粮中麸皮、米糠等的供给。

（3）按制剂说明，肌内或皮下注射维生素D胶性钙注射液或维生素AD注射液。

三、青草搐搦

青草搐搦（grass tetany）又名反刍动物低血镁抽搐（ruminant hypomagnesemic tetany）、低镁血症（hypomagnesemia）、泌乳抽搐（lactation tic）或青草蹒跚（grass hobbled），是反刍动物突然发生的一种高度致死性急性营养代谢病，以血镁浓度下降和伴有血钙浓度下降为特点。临床上以感觉过敏、精神兴奋、强直性和阵发性肌肉痉挛、惊厥、呼吸困难和急性死亡为特征。主要发生于泌乳母羊，死亡率高，经济损失大。

（一）病因

（1）幼嫩的青草中含镁极少，尤其是施过大量钾肥或氮肥后，钾、氮含量相对较多，制约了镁的正常吸收，使畜体内含镁减少。

（2）饲料搭配不当，饲养不合理。饲料和饮水中钙、镁含量低，而食盐过多。

（3）青草中微量元素含量不平衡及内分泌紊乱和消化道疾病，影响镁吸收。

（4）羊群从舍饲突然转为放牧，或绵羊饥饿24 h后进入草地，就可发生本病。

（二）流行病学特点

早春和秋季，羊从舍饲转为放牧时多发，降雨后作物和牧草迅速生长，可使发病率增加。牧草中钾、磷、氮、硫酸盐、柠檬酸盐以及脂类含量高，镁含量缺乏，均可导致该病的发生。以麦类牧场饲喂发病率最高。气候条件恶劣时可加速发病。

（三）临床症状及病理变化

1. 急性型

病畜在采食过程中突然停止采食，扬头吼叫，奔跑，肌肉抽搐，摇晃，然后倒地，呈现强直性痉挛，随后阵发性痉挛，并持续 1 min 左右。痉挛期间，病羊牙关紧闭，眼球震颤，口吐白沫，耳郭竖起，眼睑退缩。安静片刻后又重新发作。体温升高，呼吸、脉搏加快，心音亢进，常于 30～60 min 内死亡（猝死）。有些急性病例表现为兴奋，惊恐不安，离群独处，停止采食，盲目乱走或狂奔。背、颈和四肢肌肉震颤，身躯摇摆，牙关紧闭，磨牙，头颈尽量向一侧的后方伸张，后肢、尾呈强直性痉挛，耳竖立，随后全身性痉挛，不久倒地死亡。此型常来不及治疗。

2. 亚急性型

病的发展呈渐进性，开始时，食欲下降，四肢运动不自如，步态强拘，对触诊和声音过敏，频频排尿、排粪，瘤胃运动减弱。病羊易恐惧，头高举，面部、眼、耳纤维性震颤，四肢频繁运动或僵硬、颤抖、抽搐，有时变得凶猛或安静躺卧。躺卧似生产瘫痪的姿势，头部置于腹壁上。听诊心动过速、心音亢进、呼吸加快。

3. 慢性型

病初无异常，食欲、泌乳量减少，肌肉微弱震颤，有时反应迟钝，不活泼，非选择地采食，可自行恢复，也可转入急性或亚急性。

（四）实验室检查

采发病羊血液，检测血液中镁、钙浓度降低，尤其是镁离子浓度降至正常值的 1/10 以下；血液磷、钾离子浓度升高。再结合病史及临诊症状即可确诊。

（五）诊断要点

采食单子叶植物后迅速发病。临床上以抽搐、惊厥、兴奋、痉挛等神经症状为特征。病畜还出现心动过速、心音亢进、尿频、呼吸加快等症状。实验室检查血镁明显降低，应用镁制剂疗效显著，即可确诊。

鉴别诊断时注意与破伤风、狂犬病、神经性酮病、急性肌肉风湿等类症疾病相鉴别。

1. 破伤风

对声、光刺激敏感，有臌气现象，病程较长。

2. 狂犬病

呈紧张、恐水和上行性麻痹，缺乏抽搐症状。

3. 神经性酮病

常伴有惊厥和抽搐，出现酮尿，有特征性的烂苹果气味。高糖治疗有效，镁制剂无效。

4. 急性肌肉风湿

表现为肌肉疼痛、运动障碍、四肢僵硬、步态强拘，水杨酸等抗风湿药物有效。

（六）防治

1. 预防

（1）加强草场管理，对镁缺乏土壤应施用含镁化肥，控制钾肥施用量，防止破坏牧草中镁、钾之间的平衡。

（2）在寒冷、多雨和大风等恶劣天气放牧时，应避免应激反应，防止诱发低镁血症。早春放牧前应先给予一定量的干草，然后放牧，使羊不至于因饥饿而采食过快。

（3）预防性投服氧化镁或硫酸镁，每只 10 g，可有效预防本病。

2. 治疗

治疗原则为镁钙同补、对症治疗和镇静解痉。

病例一：春夏交接季节放牧羊，精神不振，步态不稳，轻瘫，唇边有泡沫，牙关紧闭，肌肉及眼球震颤，后肢搐搦。病羊体重50 kg。

①缓慢静滴：10％葡萄糖酸钙 50 mL＋25％硫酸镁 50 mL＋10％葡萄糖 100 mL；②分点皮下注射 25％硫酸镁注射液 20～30 mL。每天 1 次，连用 3 d。

病例二：绵羊，体重 40 kg，采食麦苗后发病。表现惊恐不安，站立不稳，双耳直立，磨牙，口角有泡沫，饮食、反刍停止，眼球颤动，呼吸急，心跳快，体温 39.8℃。

缓慢静滴：①25％葡萄糖酸钙注射液 40 mL＋25％硫酸镁注射液 20 mL；②25％硫酸镁注射液 40 mL＋10％葡萄糖注射液 200 mL＋25％硼酸葡萄糖酸钙注射液 40 mL。每天 1 次，连用3 d。

病例三：夏季放牧羊，精神不振，步态不稳，轻瘫，唇边有泡沫，牙关紧闭，肌肉及眼球震颤，后肢搐搦。病羊体重为 45 kg。

缓慢静滴：①10％葡萄糖酸钙 20 mL＋25％硫酸镁 50 mL＋10％葡萄糖 100 mL；②10％氯化钙 10 mL＋10％葡萄糖 200 mL；③分点皮下注射 25％硫酸镁 25 mL。每天 1 次，连用 3 d。

四、母羊生产瘫痪

母羊生产瘫痪（sheep production paralysis）亦称乳热症（milk fever）、低钙血症（hypocalcemia）、产后瘫痪（postpartum paralysis），是分娩前后突然发生的一种严重的代谢性疾病，主要发生于饲养良好的母羊，大多数发生在顺产后三天内，少数则在分娩过程中或分娩前数小时，极少数在分娩后数周或妊娠末期。其特征是低血钙，全身肌肉无力，知觉丧失及四肢瘫痪。

（一）病因

（1）舍饲、产乳量高以及怀孕末期营养良好的羊只，如果饲料营养过于丰富，即可成为发病的诱因。

(2)由于血糖、血钙和血磷浓度均降低。据测定，病羊血液中的糖分及含钙量均降低，可能是因为大量钙质随着初乳排出，或者是因为初乳含钙量太高之故。其原因是降钙素抑制了副甲状腺素的骨溶解作用，以致调节过程不能适应，而变为低钙状态，引起发病。

(二)流行病学特点

山羊和绵羊均可发病，但以山羊比较多见，尤其是第2～4胎的高产奶山羊，几乎每次分娩后都会发病。

(三)临床症状

病初全身抑郁，食欲减少，反刍停止，后肢软弱，步态不稳。此后，病羊站立不稳或瘫痪，卧地不起，四肢麻痹，收缩于腹下，全身呈“S”状弯曲，意识和知觉减弱或丧失。病羊体温一般正常，严重时体温降低，头颈和四肢伸直，呼吸深而慢，心跳微弱，耳和角根厥冷，皮肤无痛觉反应，病羊此时常处于昏迷状态。

(四)实验室检查要点

血清生化检查：血糖(GLU)、血磷(IP)及血钙(Ca)降低。

(五)诊断要点

根据临床症状、流行病学和实验室检查结果，不难做出诊断。

(六)防治

1. 预防

(1)妊娠母羊加强饲养管理，科学补充各种矿物质，如添加磷酸氢钙、碳酸钙等，保持钙磷比例1.5～2∶1，注意运动，多晒太阳。

(2)高产奶羊产后不立即哺乳或挤奶，或产后三天内不挤净初乳，并在产前和产后混料加喂多维钙片或其他钙片。

(3)分娩前 2～8 d,肌内注射维生素 D_2,如果用药后母羊未产羔,则每隔 8 d 重复注射 1 次,直至产羔为止。

2. 治疗

治疗原则为补充血钙、血磷和血糖,也可采用乳房送风疗法。(乳房送风疗法是治疗生产瘫痪最有效和最简便的方法之一,特别是对于使用钙剂反应不佳或复发的病例。

病例一:发病母羊体重 60 kg,产后第二天,发生轻瘫。

静脉滴注:①10%葡萄糖 500 mL+10%葡萄糖酸钙 100 mL;②10%葡萄糖 500 mL+10%氯化钙 50 mL。每天 1 次,连用 3 d。

肌内注射:①地塞米松磷酸钠 10 mg+氨苄青霉素钠 2 g,每天 1 次,连用 3～5 d。

拌料:多维钙片 20 片/d,或磷酸氢钙 40 g/d,连用 5～10 d。

病例二:发病母羊体重 65 kg,产后三天全身无力,四肢瘫痪。

静脉滴注:①10%葡萄糖 500 mL+10%葡萄糖酸钙 100 mL;②5%葡萄糖氯化钠 500 mL+20%磷酸二氢钠 40～50 mL+10%氯化钾 5～10 mL;③5%葡萄糖 100 mL+地塞米松磷酸钠10 mg。每天 1 次,连用 3～5 d。

肌内注射:①维丁胶性钙 2～3 mL;②维生素 B_1 100 mg+维生素 B_{12} 100 μg。每天 1 次,连用 3～5 d。

拌料:磷酸氢钙 40 g/d,多种维生素或维生素 AD_3E 粉(按说明加倍使用),连用 7～10 d。

五、反刍动物运输性搐搦症

反刍动物运输性搐搦症(transport tetany of ruminants)是反刍动物在长途运输应激下常发,以喜卧、抽搐、胃肠停滞、脱水、昏迷为临床特征的营养代谢病。其发病主要与低钙血症有关。

(一)病因

(1) 运输中寒冷、闷热、通风不良、暴晒、挤压、禁食、禁饮、装卸、驱赶等各种不良因素均可导致机体抵抗力下降而引起发病。

(2) 应激导致混合感染和潜伏疾病的发生。

(二)流行病学特点

有长途运输史，通常是在运输过程中或在到达目的地后 48 h 内发病。

(三)临床症状及病理变化

发病羊病初表现为过度兴奋不安，体温升高，呼吸迫促，心搏亢进，可视黏膜发绀或潮红，磨牙或咬肌痉挛，嘴角流沫，肌肉麻痹，步态不稳。在运输过程中家畜常表现麻痹，后肢跨向外方，趴卧姿势等以低钙血症为主要发病机制的特征性症状。

(四)实验室检查

采集发病羊血液进行血液学检测，血清镁、磷含量减少，血钙下降至 7～7.5 mg/100 mL；血糖和血中乳酸含量增多，血液酮体反应阳性；白细胞总数增多，嗜酸性粒细胞减少。

(五)诊断要点

结合病史、发生应激反应典型症状以及实验室检查综合诊断。

(六)防治

1. 预防

(1)加强饲养人员的责任心，尽量降低家畜应激反应的发生。

(2)严格各项检疫操作规程，严格执行动物防疫、疾病防治及福利的各项措施。

(3)给予适量饮水和口服补液盐，预先口服维生素 C 及复合维生素 B。

(4)运输中做到不拥挤，通风良好，不过热，并保证饮水供应和适当的休息。

2. 治疗

(1)静脉注射 10%的葡萄糖酸钙 50～100 mL。

(2)强心、补液、补充维生素和对症治疗。

病例一：夏季，发现羊长途运输卸车后发病，卧地不起，呼吸迫促，瘫痪。体重 40 kg。

将所有羊只安置在通风凉爽的圈舍，避开阳光直射。

静脉注射：①5%葡萄糖 100 mL＋10%葡萄糖酸钙 30 mL；②0.9%生理盐水 150 mL；③5%葡萄糖 150 mL＋维生素 C 1 g＋肌苷 100 mg＋腺苷三磷酸二钠(ATP)20 mg。

肌内注射：复合维生素 B 5 mL。

饮水：全群其他羊供给补液盐水(配方：葡萄糖 20 g，氯化钾 1.5 g，氯化钠 3.5 g，碳酸氢钠 2.5 g，加水 1 000 mL 溶解即成。或按说明使用动物口服补液盐制剂)任其自饮。

拌料：饲料中按说明用量的 2 倍加入多维粉或复合维生素 B 粉。

第三节　微量元素缺乏性疾病

微量元素通常是指含量小于动物体重的 0.01%的元素，总共约占动物体重量 0.05%，包括铁、铜、锌、锰、钼、钴、钒、镍、铬、锡、氟、碘、硒、硅、砷、硼、锶等数十种。对动物体组织的检测结果表明，在地球表层发现的 92 种天然元素中，在动物体中已有 81 种被找到，其中，对于维持生命所必不可少的元素仅有 26～28 种。

含量大于动物体重 0.01%的元素称为常量元素，约占人体重量的 99.95%以上，包括碳、氢、氧、氮、硫、磷、钠、钾、钙、镁、氯等 11 种。常量元素均为必需元素。

微量元素在维持人类健康中起基础性的作用，主要生理功能是作为激素或维生素的必需成分或辅助因子而发挥作用，形成具有特殊功能的金属蛋白等，其生理作用的意义可以和维生素相当。

必需微量元素是动物必须依赖食物获得，具有某种特异的不能被其他任何元素完全代替的生化功能的微量元素，有铁、铜、锌、锰、铬、钼、钴、钒、镍、锡、氟、碘、硒、硅等14种。

非必需微量元素是指那些无明显生理功能生物学效应或迄今未被人们认识的微量元素。非必需微量元素可能来自外环境的污染，如铅、镉、汞、铊等。非必需微量元素又可以进一步分为无毒非必需元素（如锂、硼、铷、溴等）和有害非必需元素（如铅、镉、汞、铊、铝、锑等）。

微量元素，主要是必需微量元素，在维持机体正常新陈代谢和生理机能方面具有重要作用，与机体的健康和疾病密切相关，不可缺乏。新疆羊养殖业常见硒、铜、碘、锌、硫缺乏症的发生。

一、羔羊摆腰病

羔羊摆腰病（the lamb pendulum lumbar disease）为铜缺乏所致。铜缺乏症（copper deficiency）多见于放牧羊群，往往大群发生或呈地方流行性，是一种慢性地方病，临床上以贫血、腹泻、运动失调及被毛褪色为特征。本病在一定地区可给畜牧业造成巨大的经济损失。

（一）病因

原发性缺铜主要是饲料或牧草中铜不足所致。牧草干物质含铜低于3 mg/kg就可引起反刍动物铜缺乏症。牧草和饲料铜不足的原因有两种：一是土壤含铜低于6～15 mg/kg；二是土壤中钼含量过高，颉颃铜引起铜缺乏症。牧草钼含量在3 mg/kg以下是安全的。反刍动物饲料中铜、钼比应为6～10∶1，若降至2∶1就会出现钼中毒，继发铜缺乏症。此外锌、锰、硫、硼过多，均对铜有颉颃作用。

（二）流行病学特点

（1）本病主要发生于土壤缺乏铜的地区或高钼地区，往往大群发生或呈地方流行性。

(2)多见于放牧牛、羊,在新疆和内蒙古都有羊摆腰病,羊群发病率可达80%以上,病死率60%左右。

(三)临床症状及病理变化

1.临床症状

羔羊缺铜主要表现为运动失调和被毛褪色。运动失调是牧区羔羊缺铜的典型症状。

发病羊群中成年羊膘情尚可,乳汁充足,但被毛凌乱,羊毛弯曲度较差,变平直,黑毛褪色变为灰白色。发病羔羊体温不高,食欲尚可;不见腹泻;呼吸、心率、心律正常,但随运动而显著增加;营养状况稍差,贫血;早期症状为驱赶时病羊后肢运动失调,跗关节屈曲困难,球节着地,后躯摇摆,极易摔倒,快跑或转弯时尤为明显。严重者后肢麻痹,卧地不起或呈犬坐姿势,如能站立,也会因共济失调而倒下或走动时臀部左右摇摆。多数羔羊一出生就很快发病死亡;部分病羊因运动机能障碍最后饥饿死亡;少数羔羊随年龄增长,其后躯麻痹症状可逐渐减轻。缺铜病羊若未死亡,则主要可见骨与关节变形、被毛褪色、角质化生成受损等典型病变。

2.病理解剖变化

病死羔羊尸体腹部膨胀,血液稀薄,色暗红,凝固性差。心肌暗红,柔软。肝脏稍肿大,较脆。肾切面皮质部血管淤血,髓质颜色暗红。颅腔内有淡黄色液体,脑组织出现不同程度的水肿、软化,脑沟变浅。椎管内有黄色胶冻样物和少量黄色液体。

(四)实验室检查要点

(1)病区牧草含铜量低于5 mg/kg(干重)为铜缺乏临界值,低于3 mg/kg则为缺铜。

(2)病羊肝中铜含量低于27 mg/kg,羔羊肝中铜含量低于13 mg/kg,可诊断为铜缺乏症。

(3)病区饲料中铜、钼比例低于2∶1时,可诊断为钼中毒而继发铜缺乏症。

(4)血清生化检查主要变化是天冬氨酸氨基转移酶(AST)及碱性磷酸酶(ALP)、丙氨酸氨基转移酶(ALT)活性升高,提示肝脏实质损伤;总胆红素(TBI)和直接胆红素(DBI)活性升高,提示肝实质受损;肌酸激酶(CK)和乳酸脱氢酶(LDH)活性升高提示心肌、脑组织受损;血液肌酐(CRE)和血液尿素氮(BUN)含量升高提示肾脏受损。

(五)诊断要点

病羊表现出的主要症状是贫血,运动失调,骨与关节变形,被毛褪色等。运动失调是牧区羔羊缺铜的典型症状,主要是胚胎时期缺铜影响了神经系统的发育,出现摆腰病。被毛褪色和角质化生成受损是羔羊缺铜的又一特点。

(六)防治

1. 预防

(1)整群羊补饲含微量元素的盐砖(硫酸铜含量约 0.5%),供自由舔食,可常年使用。

(2)饲料中添加硫酸铜。羊饲料中铜的需要量为 5～10 mg/kg。饲料铜不足时可添加到此量。硫酸铜有一定毒性,量大可引起中毒。

(3)可使用大公司生产的质量可靠的羊浓缩饲料。

2. 治疗

(1)补铜　发病羔羊口服 1%硫酸铜溶液 10～20 mL/只,每天 1 次,连用 2～3 周,然后每周 1 次,连用 5 次。注意:口服硫酸铜水溶液浓度不可超过 4%,否则因其刺激性大而造成胃肠道黏膜严重损伤。

(2)营养神经　可选用维生素 B_1、维生素 B_{12}、甲钴胺素等,还可用加兰他敏。按产品说明使用,连用 3～5 d。

(3)对症处理　消除神经组织水肿可选用地塞米松等甾体激素类药物和/或维生素 C 及维生素 E 等药物;控制脊髓内等多组织弥散性出血可选用维生素 K 和/或酚磺乙胺等。参照产品使用说明。

如果病羊已经产生脱髓鞘作用(后躯完全瘫痪),或心肌损伤(心动过速或心律不齐),则难以完全恢复,应及时予以淘汰。

二、碘缺乏症

碘缺乏症(iodine deficiency)是由于饲料和饮水中缺碘而引起的羊甲状腺激素合成障碍,并由此导致以甲状腺结缔组织增生,腺体体积增大为主要特征的慢性营养代谢性疾病,又称地方性甲状腺肿。绵羊此病较为常见。

(一)病因

碘缺乏症的主要原因是土壤、饲草料和饮水中碘含量较低,碘的摄入量不足而发病。见于土壤碘含量低于 0.2～2.5 mg/kg,饲草料中碘含量低于 0.1 mg/kg,饮水碘含量低于 10 μg/L 的地区。另外,在母羊妊娠、泌乳及羔羊生长期间,羊对碘的需要量增加,若供给不足,可诱发或加重本病。也见于日粮中含颉颃剂,如十字花科植物、豌豆、亚麻粉、甘蓝、钙、锰、铅、氟、镁等,均影响羊对碘的吸收而发生甲状腺肿。

(二)致病机理

羊摄入的碘经胃肠道吸收后,由血液运至甲状腺合成甲状腺素。当碘缺乏时,甲状腺素合成减少,血液中甲状腺素的含量下降,可通过反馈作用,垂体前叶的嗜碱性细胞分泌促甲状腺激素(TSH)使甲状腺功能增强。在 TSH 的作用下,三碘甲状腺原氨酸(T3)和甲状腺素(T4)合成及吸收释放加强,提高血液中 T3 和 T4 的水平,反过来抑制垂体细胞对 TSH 的分泌。当碘严重缺乏时，TSH 持续过多地分泌，一方面使甲状腺的摄碘率增加，另一方面甲状腺上皮样细胞增生，滤泡增加，以期增强功能，结果使甲状腺体积代偿性增大。若羊长期碘缺乏，则甲状腺体积不断增大，甲状腺素合成和释放减少，导致机体物质代谢紊乱和生长发育受阻。羊妊娠期严重的碘缺乏，往往影响胚胎早期的发育。

（三）主要症状和病理变化

碘缺乏的症状主要表现为甲状腺肿大，代谢障碍和繁殖性能降低。

成年羊碘营养不足时影响繁殖性能。公羊表现性欲降低，精液品质下降。母羊发情不规律或抑制发情，受胎率低，影响胎儿生长发育，如所产羔羊虚弱、无毛，眼瞎或死胎等。另外，母羊怀孕后胎儿可在任何阶段停止发育，如胚胎或胎儿死亡，胎儿吸收或死亡后流产等。有时可发生怀孕期延长、难产或胎衣不下。另外，碘缺乏影响羊毛的质量和产量，羔羊可造成永久性毛品质降低，主要是毛生长的次级毛囊正常发育需要甲状腺素。

（四）病理生化检查

碘缺乏引起羊甲状腺肿大，重量增加。一般认为，羊新鲜的两枚甲状腺重量为 1.3 g 以下，1.3～2.8 g 之间属可疑性缺乏，2.8 g以上为甲状腺肿大。通过放射免疫法测定血清促甲状腺激素和甲状腺素的含量，可以反映出机体碘营养的状况。乳汁碘含量的测定也有一定的临床意义，绵羊乳汁碘含量每升低于 8 μg 为缺乏。血清蛋白结合碘（PBI）测定也可估计羊体内的碘状况，羊 PBI 正常范围为每升 24～140 μg。

（五）诊断要点

严重的碘缺乏根据甲状腺肿大的临床表现即可确诊。成年羊繁殖障碍，特别是羔羊或胎儿的变化可作为诊断的依据。土壤、饲草料、饮水和血液、乳汁碘含量的测定及甲状腺重量、结构变化有助于本病的诊断。有条件的可测定血清蛋白结合碘(PBI)或TSH、T3及T4的含量。

(六)防治措施

舍饲羊可将碘化合物按矿物质剂量的0.01%添加到舔剂中,制成舔砖,让其自由舔食。也可用海带、海草或海洋中其他生物制品及副产品,直接掺入精饲料中,定期饲喂,可成功地预防碘缺乏症。

放牧羊可不定期补充碘。主要通过口服或在饮水中添加碘化合物0.5~2 g,每天1次,连用数天。也可肌内注射碘油或在妊娠后期及产后在肚皮、乳头等处涂擦碘酊,亦有较好的预防效果。

补充碘时要适量,碘摄入过多会造成高碘甲状腺肿。国家研究委员会(National Research Council,NRC,1980年)标准认为绵羊对碘的最大耐受剂量为日粮中50 mg/kg。

三、铁缺乏症

铁缺乏症(iron deficiency)多见于新生羔羊,主要是对铁的需要量大,贮存量低,供应不足或吸收不足等引起的。圈养的羔羊,唯一的铁源是乳和代乳品中的铁。羔羊食物中铁含量低于19 mg/kg(干物质计),就可出现铁缺乏症,主要表现为贫血。

(一)临床症状及病理变化

1.临床症状

可视黏膜微黄或淡白、懒动、易疲劳,稍运动则喘息不止,易受感染,易死亡。常表现为贫血,并伴有成红细胞性骨髓增生。

2.病理解剖变化

可视黏膜苍白,颌下肉垂及皮下组织呈胶冻样水肿。血液稀薄,肉质淡白。各实质脏器均呈退行性变化:肝、肾脂肪变性;心肌呈煮肉样;脾体积缩小,脾髓干燥;肺水肿及气肿;心包和胸腹腔内均有多量淡黄色积液；骨髓的红髓呈淡粉红色，黄髓正常。

(二)实验室检查要点

1. 血常规检查

羔羊缺铁性贫血时红细胞数(RBC)低于$(2\sim3)\times10^{12}$/L，血红蛋白含量(HGB)低于30 g/L，白细胞数(WBC)低于$(6\sim7)\times10^{9}$/L。

2. 病理生化检查

血清铁、血清铁蛋白浓度低于正常，血清铁结合力增加，铁饱和度降低，血脂升高；肌红蛋白浓度下降，含铁酶活性下降；肝、脾、肾中几乎没有血铁黄蛋白。

(三)诊断要点

根据临床症状和病理变化，结合实验室检查可做出诊断。

(四)防治

1. 预防

(1)本病的发生有明显的阶段性，即大多数为幼龄时期，所以预防应有一定目的性。

(2)人为补充铁制剂是有效预防缺铁症的途径，对羔羊所饮的乳中适当添加硫酸亚铁。补铁时剂量不能过高，否则可引起中毒乃至死亡。

(3)补饲微量元素舔砖，或按产品说明在饲料中加入羊用微量元素添加剂。

2. 治疗

每天给予4 mL浓度为1.8%硫酸亚铁或每天口服300 mg正磷酸铁，连用7 d，或于生后12 h，肌内注射右旋糖酐铁，每次300 mg(以铁元素计)，以后每7 d1次。同时配合应用叶酸和维生素B_{12}等。

病例一：新生羔羊精神倦怠，贫血，血液稀薄。剖检肉质淡白。

体重 4 kg。

肌内注射：① 维生素 C 100 mg；② 维生素 B_1 250 μg；③ 氨苄西林 100 mg。每天 1 次，连用 5～7 d。

灌服：1.8%硫酸亚铁溶液 4 mL，每天 1 次，连用 7 d。

拌料：全群羊（包括妊娠和哺乳母羊和羔羊）补饲 Fe 含量为 100 mg/kg 的硫酸亚铁饲料或羊用微量元素添加剂。

四、锌缺乏症

锌广泛存在于动物体内各组织，约占动物机体的 0.003%。锌的生理作用广泛，主要是作为酶的组成成分，维持细胞膜完整性，促进生长发育和组织再生，与胰岛素、性激素等激素活性有关，增强免疫功能，促进维生素 A 代谢等。

锌缺乏症（zinc deficiency）是指动物机体因各种原因造成的锌摄入不足，其主要临床特征是患畜皮肤角化不全或角化过度，发育受阻，骨骼发育异常，被毛质量改变，繁殖机能障碍等。

（一）病因

土壤锌不足是发病的主要原因。正常土壤含锌 30～100 mg/kg，土壤含锌低于 30 mg/kg，饲料锌低于 20 mg/kg 时，动物易发生缺锌症。饲料中钙、铁、镁等元素太多，会颉颃锌的吸收，也可引起锌缺乏症。

（二）临床症状及病理变化

1. 临床症状

（1）生长发育受阻　动物味觉减退，进食减少，增重下降或停止，特别是快速生长的幼畜对锌缺乏敏感。

（2）皮肤角化不全或角化过度　皮肤角化不全主要见于口、眼周围以及阴囊等部位，有时皮肤发生炎症或湿疹。反刍动物还可见脱毛和瘙痒，角的环状结构消失。

(3)骨质发育异常 主要表现软骨细胞增生引起骨骼变形,长骨变短变粗,关节肿大僵硬。

(4)繁殖机能障碍 公畜睾丸萎缩,精子生成存在障碍。母畜不易受胎,早产、流产、死胎等。

(5)毛质量改变 绵羊羊毛丧失卷曲,且易大面积脱落。

(6)创伤不易愈合 缺锌动物发生外伤,皮肤黏蛋白、胶原及脱氧核糖核酸合成能力下降,致使伤口愈合缓慢。

2. 病理解剖变化

生长发育受阻,皮肤皲裂,皮屑多,蹄变形,骨骼发育异常和创伤愈合延迟。口腔、网胃和真胃黏膜肥厚,胃黏膜角化不全。

(三)实验室检查要点

1. 血锌检测

羊血锌正常值为 800～1 200 μg/L,严重缺锌时,可下降到 200～400 μg/L 以下。

2. 血清生化检查

碱性磷酸酶(ALP)减少,提示锌缺乏。

(四)诊断要点

根据临床症状以及饲料和血清锌含量的测定可做出诊断。

(五)防治

(1)注意控制日粮中钙含量,以 5～6 g/kg 为好,过高会影响锌的吸收。

(2)补饲微量元素舔砖,或按产品说明在饲料中加入羊用微量元素添加剂。

(3)使用信誉好的公司生产的羊浓缩饲料。

(4)饲料中添加硫酸锌,羊饲料锌含量参考值为 20～40 mg/kg。治疗时可根据实际缺锌程度确定适当用量。预防时可根据动物生长快慢和生产性能等适量添加。

五、锰缺乏症

锰约占动物机体0.0005%,锰对动物生长发育、繁殖及某些内分泌机能均有作用。锰缺乏症(manganese deficiency)是羊体内锰含量不足引起的以生长缓慢、骨骼发育异常和繁殖机能障碍为特征的营养代谢性疾病。锰缺乏症可致软骨生长受损,骨骼发育畸形,变短变粗,故又称为骨短粗症(short of bone disease)或滑腱症(slide tendon disease)。

(一)病因

原发性锰缺乏症主要是土壤和牧草锰含量不足,沙土和泥炭土中锰含量匮乏。土壤锰含量低于3 mg/kg,活性锰低于0.1 mg/kg即为缺锰。我国缺锰土壤主要分布在北方质地较松的石灰性土壤地区。碱性土壤由于锰以高价状态存在,植物对锰的吸收和利用率降低。

羊对锰的正常需要量为20～40 mg/kg。绝大部分土壤及饲料中并不缺锰。机体缺锰主要是羊日粮中其他成分,如钙、磷、铁、钴含量过高,影响机体对锰的吸收和利用而发生的继发性锰缺乏症。

(二)主要症状和病理变化

羊锰缺乏症对繁殖性能的影响最大,可致发情期延长,母羊不育,表现发情率和首次受精率低,新生羔羊先天性骨骼畸形,生长缓慢,骨骼发育异常,关节肿大,四肢弯曲变形,有的出现共济失调和麻痹。骨骼生长缓慢,不成比例,前肢短而弯曲,并且在怀孕期间出现颅骨和内耳耳石发育缺陷。

(三)病理生化检查

有资料介绍羊肝脏锰含量低于6 mg/kg为锰缺乏。被毛锰含量变化范围较大,成年羊和羔羊被毛锰含量分别为11.1 mg/kg和18.7 mg/kg,饲喂低锰日粮时可降低至3.5 mg/kg和

6.1 mg/kg。测定组织中锰-超氧化物歧化酶(Mn-SOD)活性可反映日粮锰的吸收状况。另外,羊体内锰缺乏时骨骼锰含量显著下降,血液和骨骼碱性磷酸酶活性及肝脏精氨酸酶活性降低。

(四)诊断要点

根据骨骼变化,母羊繁殖机能障碍等症状可初步诊断。土壤、日粮和体内锰含量的分析及临床指标的测定有助于本病的诊断。同时应分析日粮中钙、磷、铁等元素的含量。病羊补充锰后的反应是确诊锰缺乏的良好指标。

(五)防治措施

(1)供给富锰的饲料,如青绿、块根饲料等,干饲料以小麦、大麦、糠麸为佳。

(2)可在饲料中添加锰含量为 60 mg/kg 的硫酸锰饲料。锰缺乏地区给每只羊口服 0.5 g 硫酸锰有明显的治疗效果。将硫酸锰制成舔砖(每千克盐砖含锰 6 g),让羊自由舔食可预防锰缺乏症,或按产品说明在饲料中加入羊用微量元素(表 2—1)。

表 2—1　羊微量元素添加量配方表

微量元素	添加标准(g/t)	原料	原料含量	配方量(g/t)
铁(Fe)	100	硫酸亚铁	30% Fe	370
铜(Cu)	25	硫酸铜	25% Cu	120
锰(Mn)	60	硫酸锰	31.8% Mn	210
锌(Zn)	150	硫酸锌	34.5% Zn	470
碘(I)	1	碘化钾	3.8% I	30
硒(Se)	0.6	亚硒酸钠	0.45% Se	150
钴(Co)	1.5	氯化钴	1.2% Co	150
合 计				1500

表注:表中数字为每吨精料添加微量元素的克数。为便于实际操作,将配方量调整为整数。

(3)使用信誉好的公司生产的羊浓缩饲料。

锰对羊的毒性较低,但锰过量会对羊产生毒性作用。日粮中锰含量超过 500 mg/kg 时,羊出现生长缓慢,食欲下降等中毒反应。

羊微量元素(自购原料)添加配方见表 2—2,供参考。

表 2—2 矿物元素对微量元素吸收的影响

作用元素	钙	磷	镁	硫	铁	锰	锌	钴	钼
铜				—		—	—		—
铁								+	
锰	—	—			—			—	
锌	—		—		—				
钴	—				—	—			
碘	—		—			—			
硒									

表注:(1)"+"示促进吸收;(2)"—"示抑制吸收。

第四节 维生素缺乏性疾病

一、维生素 A 缺乏症

维生素 A 的生理功能主要是保护上皮组织,尤其是保护黏膜和维护视力正常,以及提高个体的繁殖和免疫功能,调节碳水化合物代谢和脂肪代谢,促进生长。

维生素 A 缺乏症(vitamin A deficiency)是由于维生素 A 或其前体胡萝卜素缺乏或不足所引起的一种营养代谢性疾病。临床上以生长缓慢、上皮角化、夜盲症、繁殖机能障碍以及机体免疫力低下等为特征。

（一）病因

1. 原发性维生素 A 缺乏症

（1）饲料中维生素 A 及其前体缺乏或含量不足　维生素 A 完全需要从食物中摄取。饲料中维生素 A 或胡萝卜素长期缺乏或不足，是原发性（外源性）病因。常见的羊饲料棉籽、亚麻籽、萝卜、干豆、干谷、马铃薯、甜菜根及其谷类加工副产品（麦麸、米糠、饼粕等）中，几乎不含胡萝卜素。此外，干旱年份，植物中胡萝卜素含量低下。

（2）饲料中维生素 A 遭到破坏　饲料收割、加工和储存不当均可造成维生素 A 的破坏。例如有氧条件下长时间高温处理或烈日暴晒饲料以及存放过久、陈旧变质等均会破坏饲料中的胡萝卜素。

（3）母乳中维生素 A 不足　幼龄动物不能从饲料中摄取胡萝卜素，需要从母乳中获取维生素 A。如果母乳中维生素 A 含量低下以及饲喂的代乳品中维生素 A 不足或过早断奶，都可造成幼畜维生素 A 缺乏症。

2. 继发性维生素 A 缺乏症

（1）继发于某些疾病　机体对维生素 A 和胡萝卜素的吸收、转化、贮存、利用发生障碍，如动物罹患胃肠疾病、热性疾病或肝病时，导致维生素 A 的吸收障碍。排出和消耗增多，胡萝卜素的转化受阻，构成发病的内源性（继发性）病因。

（2）继发于其他营养物质的不足　饲料中缺乏脂肪，会影响维生素 A 或胡萝卜素在肠中的溶解和吸收。蛋白质缺乏，会使肠黏膜的酶类失去活性，影响运输维生素 A 的载体蛋白的形成。此外，矿物质（无机磷）、维生素（维生素 C、维生素 E）、微量元素（钴、锰）缺乏或不足，都能影响体内胡萝卜素的转化和维生素 A 的贮存。

（3）需求增大　动物机体对维生素 A 的需要量增多，可引起维生素 A 相对缺乏。如妊娠和哺乳期的母畜以及生长发育快速的幼畜,对维生素 A 的需要量增加。

(4)其他　此外,饲养管理条件不良,畜舍污秽不洁,寒冷,潮湿,通风不良,过度拥挤,动物缺乏运动以及阳光照射不足等因素都可诱导动物发病。

(二)致病机理

健康羊视网膜中的维生素 A,在酶的作用下氧化,转变为视细胞的生色基团视黄醛。视细胞本身是一种暗光感受器,在光线较暗时,视黄醛转化为视紫红质,在光线亮时,再转化为视黄醛。当维生素 A 不足或缺乏时,视紫红质的再生更替作用受到干扰,羊在阴暗的光线下呈现视力减弱或夜盲。

维生素 A 维持成骨细胞和破骨细胞的正常位置和活动。维生素 A 缺乏使软骨的生长受阻。视黄醇和维生素 A 酸两者共同缺乏时还会导致神经系统严重受损。由于骨骼生长迟缓和造型异常使颅腔脑组织过度拥挤,大脑变性和形成脑疝,脑脊液压力增高,临床上出现水肿、共济失调和晕厥等特征性神经症状。

维生素 A 缺乏导致所有上皮样细胞萎缩,特别是具有分泌机能的上皮样细胞被复层角化上皮样细胞取代,主要见于唾液腺、泌尿生殖腺、眼旁腺和牙齿。

维生素 A 缺乏时因大脑蛛网膜绒毛的组织通透性减弱和大脑硬脑膜的结缔组织基质增厚,使脑脊液吸收产生障碍导致脑脊液压力增高,在临床上出现惊厥等症状。

维生素 A 是在胎儿生长过程中器官形成的必需物质。维生素 A 缺乏可引起胎儿发生许多先天性损害,特别是脑积水和眼损伤。

(三)症状与诊断

病初,病畜出现夜盲症,在光线暗淡时,表现盲目行进,行动迟缓，碰撞其他物体，之后出现干眼病症状，严重的甚至失明；皮肤发炎，背部出现糠麸样结痂，蹄角质生长不良；生殖能力下降，公畜精子活力低，母畜胎盘变性，可致流产；由于动物黏膜上皮角化，腺体萎缩，造成免疫力下降，动物极易继发鼻炎、支气管炎、肺炎、胃肠炎等疾病，或因抵抗力下降而继发感染某些传染病。有些患畜还出现中枢神经损伤症状，如颅内压增高、骨骼肌麻痹等。

成年羊缺乏维生素 A 时，机体并不消瘦，故患有干眼病的羊，体况仍无异常变化。

（四）病理变化

当羊维生素 A 缺乏时没有特征性的眼观变化，主要为被毛粗乱，皮肤异常角化。泪腺、唾液腺及食道、呼吸道、泌尿生殖道黏膜发生鳞状上皮化。维生素 A 缺乏时羊角化上皮样细胞数目增多。组织学检查发现典型的上皮变化是柱状上皮样细胞萎缩、变性、坏死分解，并被化生的鳞状角化上皮替代，腺体的固有结构完全消失。羔羊腮腺主导管发生明显变化，初期为杯状细胞消失和黏液缺乏，继而杯状细胞被鳞状上皮取代，并发生角化。呼吸道黏膜的柱状纤毛上皮发生萎缩，化生为复层鳞状上皮，并角化。有的病例形成伪膜和小结节，导致小支气管阻塞。黏膜的分泌机能降低，易继发纤维素性炎症。另外，肾盂和泌尿道其他部位脱落的上皮团块可沉积钙盐，促使尿结石的形成。幼龄羊由于骨内成骨受到影响和骨成形失调，出现长骨变短和骨骼变形。

（五）病理生化检查

血浆维生素 A 水平是羊体内维生素 A 营养状况的判定指标。0.25 mg/L 为最佳水平，0.1 mg/L 为机体正常生长所必需，0.07～0.08 mg/L 为临界值，小于 0.05 mg/L 即可出现临床症状。血浆胡萝卜素含量 1.5 mg/L 为最佳水平，0.09 mg/L 或以下时若不补充维生素 A 即可出现维生素缺乏症状。肝脏维生素 A 水平比血浆维生素 A 含量更能反映羊体内维生素 A 状况,肝脏维生素 A 和胡萝卜素正常含量分别为 60 mg/kg 和 4 mg/kg 以上,临界水平分别为 2 mg/kg 和 0.5 mg/kg。除此之外,羊维生素 A 缺乏时脑脊液压力显著升高。

(六)诊断要点

根据羊畏光、视力减退或失明的症状及长期饲喂缺乏维生素 A 的饲料,即可做出诊断。血浆、肝脏维生素 A 和胡萝卜素含量的测定为确诊本病提供依据。结膜涂片检查,角化上皮样细胞数目增加对此病有辅助诊断价值。

(七)防治

1. 预防

(1)改善饲养管理条件,加强护理,调整日粮组成,增补富含维生素 A 和胡萝卜素的饲料,如优质青草或干草、胡萝卜、青贮饲料、块根类以及黄玉米等。

(2)必要时应给予鱼肝油或维生素 A 添加剂,每千克体重应供给胡萝卜素 0.1～0.4 mg。

(3)饲料不宜储存过久,以免胡萝卜素破坏而降低维生素 A 的效应,也不宜过早地将维生素 A 掺入饲料中做储备饲料,以免被氧化破坏。

(4)舍饲羊在冬季应保证舍外运动,夏季应进行放牧,以获得充足的维生素 A。

(5)对于妊娠母羊要特别重视供给青绿饲料,冬季要补充青干草、青贮料或胡萝卜。

(6)有条件时给羊可喂些发芽豆谷,让其适当运动,多晒太阳,并注意检测血浆维生素 A 的水平。

2. 治疗

对患维生素 A 缺乏症的动物,首先应查明病因,积极治疗原发病，同时改善饲养管理条件，加强护理。其次要调整日粮组成，增补富含维生素 A 和胡萝卜素的饲料，如优质青草或干草、胡萝卜、青贮料或黄玉米等，当消化系统紊乱时，可以皮下或肌内注射鱼肝油。

该病主要诊疗药物为维生素 A 制剂和富含维生素 A 的鱼肝油制剂，具体用药方法如下：

方一：维生素 AD 滴剂，成年羊每只每次 2～4 mL，羔羊每只每次 0.5～1 mL，内服。

方二：浓缩维生素 A 油剂，成年羊每只每次 5 万～10 万 IU；羔羊每只每次 2 万～3 万 IU，内服或肌内注射，每天 1 次。

方三：维生素 A 胶丸，成年羊每只每次 2.5 万～5 万 IU，内服。

方四：鱼肝油，成年羊每只每次 10～30 mL，羔羊每只每次 0.5～2 mL，内服。

维生素 A 制剂的剂量过大或应用时间过长会引起中毒，使用时应予注意。

附：羊尿结石

羊尿结石（urolithiasis of sheep）是指在羊的肾盂、输尿管、尿道内生成或存留的，以碳酸钙、磷酸盐为主的盐类结晶所引起的泌尿器官炎症和阻塞，使羊排尿异常的疾病。该病以尿道结石多见，而肾盂结石、膀胱结石较少见。结石的形成常发生于膀胱，肾少见，尿道的结石常是转移来的。该病公羊多发，母羊较少发生，其发病常与维生素 A 的缺乏有关。

（一）病因

1. 营养因素

日粮不平衡，长期饲喂高蛋白质、高热能、钙磷比例失调的日粮是致病因素。日粮谷物比例高的情况下会导致大量的磷进入到尿中。肥育过程中,饲喂含磷较高的棉籽饼、高粱、麦麸等极易发生尿结石。

大量采食三叶草、甜菜都会形成尿结石。

黏蛋白质是形成结石的母体(前体),尿中黏蛋白浓度增加,也会形成尿结石,饲料中的雌激素或生长促进剂(己烯雌酚或含有雌激素成分的豆科植物),过量蛋白质以及颗粒饲料均会增加尿中的黏蛋白浓度。

黏多糖通常也与结石的形成有关。饲喂棉籽饼、高粱等饲料,会导致黏多糖的增加。

维生素 A 缺乏会导致膀胱上皮细胞脱落,大大增加结石形成的概率。

公羊配种过度,吃盐较多、喝水较少时也易发病。

2. 饮水量

饮水量不足时,尿的浓度增高,尿液中矿物质处于超饱和状态,脱水是各种结石发展的关键因素。

3. 阉割

由于尿道的长度和直径的原因,公羊尿结石更多。早龄阉割导致有关性激素缺乏,影响到阴茎和尿道的发育,尿道直径小,更容易出现结石阻塞。

4. 限食饲养

如果采用舍饲饲喂每天 1～2 次,会引起饲喂后抗利尿激素的释放,使尿的排出暂时减少,从而增加尿的浓度,增加形成结石的风险。

5. 遗传

结石的发生也有遗传因素。易患病体质的个体也可能发生尿结石。

6. 继发于其他疾病

常继发于肾炎、膀胱炎、尿道炎等疾病。

（二）症状

尿结石形成于肾盂和膀胱，但阻塞常发生于尿道，膀胱结石在不影响排尿时，不显示症状，尿道结石多发生在公羊龟头部和“S”状曲部。如果结石不完全阻塞尿道，则可见排尿时间延长，尿频，尿量减少，尿液呈断续或滴状流出，有时有尿排出，尿中常混有血液。如果结石完全阻塞，尿道则仅见排尿动作而不见尿液排出，出现腹痛。羊出现厌食、尿频、滴尿、后肢屈曲叉开、拱背卷腹、频频举尾、排尿努责、痛苦咩叫，尿道触诊疼痛。如果结石在龟头部阻塞，可在局部摸到硬结物。膀胱高度膨大、紧张，尿液充盈，若不及时治疗，尿闭时间过长，则可导致膀胱破裂或引起尿毒症而死亡。

（三）诊断

观察临床症状，出现尿频、无尿、腹围增大、腹痛等现象，取尿液于显微镜下观察，可见有脓细胞、肾上皮细胞或血液即可确诊。

（四）预防

避免长期饲喂高蛋白质、高热能、高磷的精饲料，多喂富含维生素 A 的饲料，平时多喂多汁饲料和供给充足饮水，发病严重地区可以减少钙磷等矿物质的添加量。

1. 调节钙磷比例

饲料中钙磷比例要达到 2∶1，镁的含量少于 0.2%，要适量添加钙。多使用长茎饲料可以增加唾液的分泌，使更多的磷随粪便排出体外。控制谷物、麸皮、甜菜块根的饲喂量。

2. 增加饮水量

预防羊尿道结石最重要的手段是增加饮水量。饮水保证清洁卫生，夏季饮凉水，冬季饮温水；多设饮水点并经常更换饮水；增加盐的喂量，建议盐的用量为精饲料量的 3%～5%或日粮的 4%，可混合到饲料中，也可自由舔食，但不要加入水中，以免影响口感或发生食盐中毒。注意，正常情况下，食盐在饲料中的添加比例为0.5%～1%。

3. 调整尿液的 pH 值

草食家畜的尿偏碱性，不利于磷酸钙和碳酸钙结石的溶解，使用酸化剂对防止结石的发生是有益的。氯化铵的作用是降低尿的 pH 值，其添加量为饲料干物质的 1%或总饲料量的 0.5%。对于体重 30 kg 的羔羊每只每日给予 7～10 g。添加食糖可促使羊饮水或掩盖氯化铵气味，但不能使用糖蜜，糖蜜含钾量高，会降低氯化铵的效果。氯化铵不宜长期饲喂。

除此之外，尽量避免在羔羊 3 月龄前进行阉割，采取自由采食的方式，增加饲料中维生素 A 的添加量，注意对病羊尿道、膀胱、肾脏炎症的治疗。

（五）治疗

1. 药物治疗

对于发现及时、症状较轻的患羊，可饲喂大量饮水和液体饲料，同时投服利尿药及消炎药物（青霉素、链霉素、乌洛托品等），有时膀胱穿刺也可作为药物治疗的辅助疗法。

该病治疗应分析患病部位和结石形成的成分，可有针对性地选择以下方法治疗。

方一：肾结石时，若尿石成分含钙，宜应用氢氯噻嗪（双氢克尿噻）10 mg，枸橼酸钾 50 mg，加水适量，1 次灌服。

方二：若尿结石为尿酸结晶，宜用碳酸氢钠 0.5 g，别嘌醇（别嘌呤醇）30 mg，加水适量，1 次灌服。

方三：若结石为磷酸铵镁，宜用氯化铵 0.2 g，加水适量，1 次灌服。

以上各方可用 3～5 d，观察无不良反应时，可重复治疗。

方四：膀胱结石可用碳酸氢钠 0.5 g，加水适量，连服 1 周；同时肌注硫酸庆大霉素(4 mg/kg),连用 2～3 d。本方可用于预防。

2. 手术治疗

对于药物治疗效果不明显或完全阻塞尿道的羊只,可进行手术治疗。限制饮水,对膨大的膀胱进行穿刺,排出尿液,同时肌内注射阿托品 5～10 mg 使尿道肌松弛,减轻疼痛,然后在相应的结石位置采用手术治疗,切开尿道取出结石。术后注射利尿药及抗菌消炎药物。

二、羔羊维生素 B_1 缺乏症

维生素 B_1 广泛分布于植物中,在种子、叶茎、根及果实中都有,谷物的胚及外表中含量最高。成年羊瘤胃中的微生物可以合成维生素 B_1,因此,成年羊很少发生维生素 B_1 缺乏症。而 2～3 月龄以下的羔羊,由于瘤胃生理机能不完善,易发生羔羊维生素 B_1 缺乏症(vitamin B_1 deficiency of lamb)。

(一)病因

当长期饲喂缺乏维生素 B_1 的饲料,或由于对饲料进行加热和碱处理,破坏了饲料中维生素 B_1,亦可由于消化道疾病,致使羔羊对维生素 B_1 的吸收和合成能力降低等,均可引起机体缺乏维生素 B_1。

(二)致病机理

维生素 B_1 是体内氧化脱羧酶的辅酶,参与糖中间代谢产物丙酮酸和 α-酮戊二酸的氧化脱羧反应。维生素 B_1 缺乏时,糖代谢中间产物,如丙酮酸和乳酸不能进一步氧化,从而积聚,使能量供应发生障碍,损害全身组织,尤以神经组织最为敏感。

(三)主要症状和病理变化

羔羊维生素 B_1 缺乏症的主要临床症状为体弱,四肢无力,行动摇摆,共济失调,惊厥,痉挛,角弓反张,消瘦,便秘或腹泻,食欲不振等,有时可见水肿。严重时,则发生多发性神经炎,且多为神经

干炎。

(四)诊断要点

根据饲养管理情况和典型临床症状可做出诊断。

(五)防治措施

1. 预防

日粮中增加青绿饲料,防止对饲料的过度加热及碱处理,以及加强放牧均是有效的预防办法。

2. 治疗

可在羔羊饲料中添加维生素 B_1 制剂进行治疗,但以维生素 B_1 注射液皮下或肌内注射的效果最佳,剂量为每只羔羊 25～50 mg,每天 1～2 次,直到症状减轻或消失。

三、维生素 B_2 缺乏症

维生素 B_2 也叫核黄素。维生素 B_2 缺乏症(vitamin B_2 deficiency)是由于维生素 B_2 缺乏引起黄酶减少,使物质代谢发生障碍的营养代谢性疾病。维生素 B_2 以自由状态、核黄素磷酸盐和嘌呤二核苷酸磷酸盐的形式,广泛分布于动植物组织中,以动物性饲料、酵母、青饲料、麸皮、米糠和谷子中含量最多。

(一)病因

日粮中缺乏富含维生素 B_2 的饲料及青饲料,或由于饲料被日光长久暴晒及碱处理,而使其中的维生素 B_2 遭到破坏等,都可引起维生素 B_2 缺乏。

(二)致病机理

维生素 B_2 是黄酶的辅基成分,最常见的黄酶有黄素单核苷酸(FMN)和黄素腺嘌呤二核苷酸(FAD),在生物氧化的呼吸链中维生素 B_2 有传递氢原子的作用。维生素 B_2 还协同维生素 B_1 参与糖和脂肪的代谢。由于维生素 B_2 缺乏，导致以上生物化学反应不能正常进行。

(三)主要症状和病理变化

维生素 B_2 缺乏时，病羊食欲不振，易疲劳，出现皮炎、脱毛、腹泻、贫血、眼炎、蹄壳易龟裂变形、生长迟缓等症状。

(四)诊断要点

结合饲养管理情况，根据临床症状可做出诊断。

(五)防治措施

1. 预防

加强放牧，注意饲料多样化，特别在舍饲时更应补给青绿饲料。防止因暴晒和碱处理饲料而破坏维生素 B_2。另外，可在每千克的补饲料中添加维生素 B_2 0.01～0.03 g。

2. 治疗

对于患羊，向其日粮中添加酵母片或动物性饲料，或将核黄素制剂拌入日粮中。亦可用维生素 B_2 制剂内服、注射(皮下、肌内均可)，每只羊的注射剂量为 0.02～0.03 g。

第五节 矿物质与维生素缺乏性疾病

一、佝偻病

佝偻病(Rickets)是生长快的羔羊维生素 D 缺乏及钙、磷不足或缺乏所致的骨营养不良性营养代谢病。临床以羔羊消化机能紊乱、异食癖、跛行、骨骼变形及生长发育缓慢为特征。其病理学基础是未骨化的类骨组织形成过多，软骨内骨化障碍和成骨组织的钙盐减少。本病常见于羔羊。

（一）病因

（1）日粮中维生素D缺乏是发生佝偻病的主要原因。

（2）钙、磷的摄入和吸收减少容易发生佝偻病，主要是羔羊饲料中钙磷比例失调，高于或低于1～2∶1，或钙缺乏，主要是过量摄入磷；或磷缺乏，主要是过量摄入钙。

（3）舍饲母羊和羔羊缺乏光照，特别是被毛厚的母羊，皮肤中7-脱氢胆固醇不能转变为维生素D_3，造成乳汁中维生素D缺乏是哺乳幼羔发病的主要原因。

（4）母羊长期采食未经阳光照晒的干草，造成乳中缺乏维生素D。

（5）羔羊长期消化不良或患脂肪痢，可影响维生素D的吸收。

（6）青饲料中胡萝卜素含量过高也是引起维生素D缺乏的原因之一。

（二）流行病学特点

本病常见于羔羊，多发生于冬末、初春季节。日粮维生素D缺乏，圈舍光照不足及钙、磷比例失调等都可诱发此病。

（三）临床症状及病理变化

发病羊早期呈现食欲减退，消化不良，精神不振，出现舔食或啃咬墙壁、地面泥沙等异食癖。病羔卧地，发育停滞，消瘦，不愿起立和运动，常跪地。出牙期延长，齿形不规则，齿质钙化不足，齿面易磨损，不平整。严重时，口腔不能闭合，流涎，进食困难。最后，患畜面骨、躯干和四肢骨骼变形。四肢骨弯曲变形呈“O”形腿或“X”形腿，骨质柔软，易骨折。肋骨与肋软骨交界处出现串珠状突起，拱背。有的病例发生腹泻和贫血，容易继发呼吸道和消化道感染，出现咳嗽、腹泻、呼吸困难等症状。

（四）实验室检查

1. 血清生化检查

病羊血清生化指标变化为血清磷（IP）降低，血清钙（Ca）在病的后期降低，血清碱性磷酸酶（ALP）的活性显著升高，可作为此病早期诊断的重要依据。

2. X射线检查

可见普遍性的骨质疏松，骨质密度降低，骨皮质变薄，骨小梁稀疏粗糙，甚至消失，支重骨弯曲变形。骨干骺端膨大，呈杯口状凹陷，出现羊毛状或蚕食状外观，早期钙化带模糊不清，甚至消失。上述检验结果可作为本病确诊依据之一。

（五）诊断要点

根据发病年龄，饲养管理条件和骨骼变形，异食，生长发育缓慢等特征症状，结合血清钙、磷含量测定、碱性磷酸酶（ALP）活性测定及X光检查结果可作诊断。

鉴别诊断：注意与羔羊衣原体病、丹毒性关节炎、羔羊链球菌病、羔羊大肠杆菌病等引起关节炎变化的疾病相鉴别。

（六）防治

1. 预防

（1）保持舍内干燥温暖，光线充足，通风良好，保证适当的运动和充足的阳光照射，给予易消化富有营养的饲料。

（2）调整日粮组成，日粮应由多种饲料组成，精料中加入2%的碳酸钙或磷酸氢钙，饲喂富含维生素D的饲料或按产品说明添加维生素AD_3。

2. 治疗

（1）对症治疗，调整胃肠机能给予助消化药和健胃药。

（2）有效治疗药物是维生素D制剂（鱼肝油、维丁胶性钙），拌料饲喂或皮下、肌内注射，或按产品说明使用。

病例一：羔羊，体重 8 kg，精神差，四肢变形。

肌内注射：① 维生素 D 胶性钙注射液 0.5～1 mL；② 地塞米松酸钠注射液 1 mg。以上每天 1 次，连用 7 d。

精料中加入 2%的碳酸钙、贝壳粉或磷酸氢钙，另按产品说明加入维生素 AD_3 粉。

病例二：羔羊，表现异食癖，消化机能紊乱，跛行，喜卧地。四肢骨关节变形，肋骨的胸骨肿大如串珠状，拱背。

肌内注射：① 维生素 D_2 注射液 50～100 IU，或维生素 AD（鱼肝油）注射液 0.5～1 mL；② 维生素 D 胶性钙注射液 0.5～1 mL。以上每天 1 次，连续注射 5～7 d。

静脉注射：5%葡萄糖 30 mL＋10%葡萄糖酸钙注射液 3～5 mL，2 天 1 次，连用 5～7 d。

拌料：精料中加入 2%的碳酸钙、贝壳粉或磷酸氢钙，另按产品说明加入维生素 AD_3 粉。

二、白肌病

羔羊对硒缺乏症（selenium deficiency）最敏感，主要表现为羔羊白肌病（white muscle disease），又称肌营养不良症（muscular dystrophy），是一种幼畜以骨骼肌、心肌及肝脏发生变性坏死为特征的微量元素硒及维生素 E 缺乏症。发病羔羊病变部位肌肉色淡、苍白，并发运动障碍和急性死亡。

（一）病因

原发性硒缺乏主要是饲料含硒不足，土壤硒低于 0.5 mg/kg 时，种植的植物含硒量便不能满足动物机体生长和代谢的要求。碱性土壤硒易被植物吸收。饲料中的硒能否被充分利用，受到铜、锌等元素的制约。维生素 E 不足也易诱发硒缺乏症。

（二）流行病学特点

本病多呈地方流行性，2～5 周龄羔羊最易患病，死亡率有时高达40%～60%。生长发育越快，膘情越好的羔羊，越容易发病，且死亡越快。冬春气候骤变，缺乏青绿饲料时发病率、病死率较高。不同动物缺硒和维生素E的病症不同，羔羊表现为白肌病。

（三）临床症状及病理变化

羔羊14～28日龄多发。病羔精神沉郁，站立困难，行动时后肢无力，拖地行走，步态僵直，共济失调，喜卧；呼吸急促（80～100次/分），心跳加快（200次/分以上），心律不齐；可视黏膜苍白；四肢及胸腹下有水肿；触诊背部、臀部肌肉肿胀，比正常肌肉硬；消化机能紊乱，体温稍低，肠音弱，腹泻；有的伴发结膜炎、角膜混浊、失明等；尿液呈红褐色。病羔有时呈现强直性痉挛状态，随即出现麻痹，血尿；也有羔羊发病前未见异常，在受到惊吓而剧烈运动或过度兴奋时突然死亡。

病死羔羊解剖主要见骨骼肌色淡，可见局限性的发白或灰白色变性区，呈鱼肉样或煮肉样，左右两侧对称。心扩张，心肌内外膜下肌肉层有黄白、灰白条纹或斑，俗称"虎斑心"。肝肿大，切面有槟榔样花纹，俗称"槟榔肝"。组织病变可见肌纤维肿胀、断裂，横纹消失，胞浆变成着色不均匀的无结构玻璃样物质，为肌肉凝固性坏死。

（四）实验室检查

1. 血硒检测

在发病羊颈静脉无菌采血，抗凝，利用二硫对二硝基苯甲酸显色法，测定血硒浓度为0.04 mg/L以下的，可界定为缺硒。

2. 血清学检测

血清天门冬氨酸氨基转移酶（AST）超过200 IU/ml，血清乳酸脱氢酶（LDH）活性和肌苷（CRE）升高。

3. 尿液检查

尿肌酸含量升高。

（五）诊断要点

综合缺硒病史，临床症状，饲料、组织硒含量分析，病理剖检，用硒制剂治疗显效可做出诊断。

（六）防治

主要措施是补充维生素 E 和硒。

1. 预防

(1)近期预防　冬春给羊注射 0.1%亚硒酸钠 4～6 mL，并补充适当精料。

(2)远期预防　应保证饲料含硒在 0.1～0.2 mg/kg，达不到这一水平，添加亚硒酸钠补齐。按产品说明使用舔砖，还可定期饮水补硒。

2. 治疗

方一：肌内注射，①0.1%亚硒酸钠注射液，羔羊每次 2～3 mL，间隔 1～3 d 注射一次，连用 2～4 次；②维生素 E 注射液，羔羊 0.1～0.5 mL，间隔 1～3 d 注射一次，连用 2～4 次。未发病羔羊可用亚硒酸钠维生素 E 预混剂（亚硒酸钠 0.4 g，维生素 E 5 g，碳酸钙加至 1 000 g）500～1 000 g，混入 1 000 kg 饲料混饲。

方二：亚硒酸钠维生素 E 注射液，羔羊 1～2 mL/次，肌内注射，或亚硒酸钠维生素 E 预混剂 500～1 000 g，混入 1 000 kg 饲料混饲。

方三：皮下或肌内注射 0.1%亚硒酸钠注射液，羔羊 2～4 mL/次，同时可配合口服维生素 E，羔羊 50～100 mg/次。每天 1 次，连用 5～10 d。

三、羊白肝病

羊白肝病（sheep white liver disease）是由于钴缺乏和/或维生素 B_{12} 缺乏所引起的肝脏肿大、色灰白为主要病理变化的慢性营养代谢性疾病，该病以食欲降低、异食癖、贫血和进行性消瘦为主要临床特征。该病以放牧的反刍动物多见，以 6～12 月龄的生长羔羊最敏感，其次是绵羊、犊牛、成年牛，其他动物少见，呈地方流行性。

（一）病因

土壤缺钴导致饲草料钴含量不足是羊钴缺乏的主要原因。羊对钴营养的需要量为 0.1 mg/kg。饲料含钴在 0.5～1.5 mg/kg 时，动物不会缺钴。土壤钴含量小于 0.25 mg/kg，牧草钴低于0.07 mg/kg时，即可使放牧的羊发病。牧草中钴含量因牧草种类、生长阶段不同而有很大差异，如豆科牧草钴含量高于禾本科牧草。另外，土壤中钙、铁、锰含量和 pH 过高可降低牧草对钴的利用。

钴不足时，反刍动物瘤胃微生物合成维生素 B_{12} 出现障碍，造成维生素 B_{12} 缺乏。

（二）致病机理

钴是羊体内必需的微量元素之一，在瘤胃中由细菌合成维生素 B_{12}，在小肠吸收供机体利用。羊对钴的需要量较高，主要是瘤胃中用钴合成维生素 B_{12} 的效率低，同时小肠只能吸收 3%～5% 的维生素 B_{12}。当饲草料钴含量不足时，瘤胃液中钴的浓度降低，每升小于 5 mg 时，瘤胃微生物合成的维生素 B_{12} 不能满足羊的需要。肝脏贮存的维生素 B_{12} 逐渐耗尽，血浆维生素 B_{12} 水平下降，每升降到 0.2 mg 的临界水平时出现临床症状。羊的主要能量来源是瘤胃中发酵产生乙酸、丙酸和少量丁酸及其他短链脂肪酸。在丙酸代谢过程中，需要甲基丙二酰辅酶 A 变位酶催化甲基丙酰辅酶 A 转化为琥珀酰辅酶 A，甲基丙二酰辅酶 A 变位酶需要有辅酶型维生素 B_{12} 存在才有活性，琥珀酰辅酶 A 是三羧酸循环的主要中间产物，也是糖异生的原料。因此，维生素 B_{12} 缺乏时，丙酸转化为葡萄糖的过程受阻，机体能量供应不足。血液中丙酸盐及中间代谢产物甲基丙二酰辅酶 A 和甲基丙二酸（MMA）增加，临床表现食欲降低。

绵羊维生素 B_{12} 缺乏时，肝脏中半胱氨酸甲基转移酶活性降低，导致蛋氨酸缺乏，抑制羊毛的生长和体重的增加。钴影响机体的造血功能，主要表现胚胎时期参与造血过程，并促进铁的吸收和利用，刺激骨髓的造血机能。羊体内钴和维生素 B_{12} 缺乏会干扰红细胞的生长发育，出现巨细胞性贫血。钴和维生素 B_{12} 缺乏可使羊肝脏叶酸储备明显耗竭，其机理可能与蛋氨酸缺乏有关。

（三）主要症状和病理变化

1. 临床症状

羊的钴缺乏症临床表现并不典型，包括食欲降低，被毛粗乱，皮肤增厚，贫血，消瘦，甚至死亡，与能量、蛋白质缺乏所致营养不良和寄生虫感染极为相似。钴缺乏早期羊体重增加缓慢，饲料消耗和饲料转化率降低，泌乳和产毛量等生产性能均明显降低。钴缺乏症也造成繁殖性能降低，如羔羊初生重低，孱弱，成活率降低，部分母羊不孕、流产等。

在新西兰、挪威、澳大利亚，羔羊还发生以肝脏功能障碍和脂肪变性为特征的白肝病（Ovine white liver disease）。主要表现为食欲下降或废绝，精神沉郁，体重下降，眼睛流泪，有浆液性分泌物。病羊常出现光敏反应，以及耳、鼻和上下唇附有浆液性分泌物，有的背部皮肤有斑块状血清样渗出物，而后结痂，分泌物逐渐由浆液性转为浆液脓性，可持续数月。有的出现运动失调，强直性痉挛，头颈震颤或失明等神经症状。新疆亦有羊白肝病的病例发生。

2. 病理变化

主要变化为消瘦、贫血和胃肠卡他。组织学检查见肝脏和肾脏颗粒变性，肝脏、心肌和骨骼肌糖原含量明显下降，骨髓浆液性萎缩，肝脏、脾脏和淋巴结有髓外造血灶，红细胞溶解性增高，并有明显的含铁血黄素沉着。白肝病羔羊肝脏肿大，为正常的 2～3 倍，色灰白，质地脆弱。组织学检查发现肝细胞变性、肿胀，胞浆内有大小不等的脂肪空泡，门区胆管和间质增生，存在蜡样质。

（四）实验室检查要点

1. 病理生化检查

健康绵羊肝脏维生素 B_{12} 含量应大于 0.19 mg/kg（湿重）。当肝脏维生素 B_{12} 含量介于 0.11～0.19 mg/kg 时为轻度钴缺乏，含量 0.07～0.10 mg/kg 为中度钴缺乏，小于 0.07 mg/kg 为重度钴缺乏。

正常绵羊血清维生素 B_{12} 和钴含量分别为 1.0～3.0 μg/L 和 0.17～0.51 μmol/L，血清维生素 B_{12} 含量 0.2～0.25 μg/L 及钴含量 0.03～0.41 μmol/L 为钴缺乏的指标。

正常血清中甲基丙二酸（MMA）含量低于 2 μmol/L。亚临床钴缺乏时血清 MMA 含量为 2～4 μmol/L，出现临床症状时大于 4 μmol/L。

健康羔羊尿中亚胺甲基谷氨酸（Formiminoglutamic acid, FIGLU）含量为 80 μmol/L，钴缺乏时可升高至 200 μmol/L。

2. 血常规检查

红细胞（RBC）减少，血红蛋白（HGB）降低。

（五）诊断要点

根据食欲降低、贫血、消瘦等临床症状，结合土壤、饲草料钴含量分析及肝脏血清维生素 B_{12} 和钴水平测定，即可诊断。观察补充钴后羊的反应是比较理想的监测手段。测定血液生化指标中 MMA 和 FIGLU 含量有助于本病的确诊。另外，本病应与营养不良和多种中毒病、传染病、寄生虫病所引起的消瘦贫血相鉴别。

（六）防治措施

1. 预防

（1）羊饲草料中钴含量应高于 0.1 mg/kg，否则应在日粮中补充钴制剂（如氯化钴等），每天每只羊 0.1 mg。

(2)通过瘤胃投服钴丸或硒、铜及钴微量元素缓释丸均有良好的预防效果。母羊妊娠阶段补充钴可提高乳汁钴和维生素 B_{12} 含量,能预防幼羔钴和维生素 B_{12} 缺乏症。

(3)在缺钴草场喷施含钴肥料是解决放牧羊钴缺乏的有效途径,剂量为每公顷 400～600 g 硫酸钴,每年 1 次,或 1.2～1.5 kg 硫酸钴,每 3～4 年 1 次。

(4)补饲微量元素舔砖,或按产品说明在饲料中加入羊用微量元素添加剂。

(5)使用信誉好的公司生产的羊浓缩饲料。

2. 治疗

对钴缺乏症病羊应立即用维生素 B_{12} 和钴制剂(氯化钴或硫酸钴)进行治疗。绵羊口服硫酸钴,剂量为每次 1 mg 或 2 mg,每周 2 次。也可每次用 7 mg,每周 1 次。同时配合肌内注射 100～300 μg维生素 B_{12} 效果更好,每周 2～3 次。

过量补充钴可引起毒性反应,绵羊的最大耐受量为 352 mg/100 kg体重。

四、纤维性骨营养不良

纤维性骨营养不良(fibrous osteodystrophy)是由于日粮中磷过剩而继发钙缺乏或原发性钙缺乏而发生的一种骨骼疾病,该病多见于马属动物,亦见于山羊、猪、犬和猫,有时也见于牛,其特征性病变是骨组织呈现进行性脱钙、骨基质被吸收,由柔软的含细胞的纤维组织沉着填补,这常常是软骨的进一步发展的结果,进而骨体积增大而重量减轻,尤以面骨和长骨骨端显著。临诊特征是消化紊乱、异食癖、跛行、拱背,面骨和四肢关节增大等。

(一)病因

日粮中钙、磷比例失调,钙含量不足以及维生素 D 不足是引起本病的主要原因,常见于以下三种情况。

1. 饲料中钙磷含量不足或饲料中含有影响钙吸收的物质

饲料中植酸盐、草酸盐及脂肪过多,可影响钙的吸收,促进本病发生。草料中与植酸(六磷酸肌醇)结合的钙,在小肠内不能被水解,故不能被吸收利用。10 g 植酸可抑制 7 g 钙的吸收。植酸还可使维生素 D 过多地消耗,从而妨碍钙的吸收,导致本病发生。在谷物饲料的外皮内植酸含量较多,长期以麸类、糠类及豆类饲喂动物容易引发本病。脂肪过多时,在肠道内分解产生的大量脂肪酸,可与钙结合,形成不溶性钙皂,随粪排出,故草料内脂肪过多,也是本病的一个促发因素。

2. 日粮中钙磷比例失调

主要是日粮中磷含量过多而钙含量正常或相对较低。精饲料如稻谷、高粱、豆类,尤其是麸皮含磷较多,饲草如谷草、干草等含钙较多,麸皮内的钙、磷量为 0.22∶1.09,米糠为 0.08∶1.42,稻草为 0.37∶0.17。一般认为,动物的纤维性骨营养不良,是由于磷多钙少所引起的。长期饲喂这种以麸皮或以米糠为主,或是以二者混合为主含磷多的饲料,或精饲料与粗饲料搭配不当,均易发生本病,若一旦补充石粉,则症状减轻直至消失,这种情况进一步证明纤维性骨营养不良是由于日粮中磷过剩而继发钙缺乏所致。

3. 维生素 D 含量不足

由于日照少,造成维生素 D_3 不足或缺乏,影响钙的吸收和骨盐沉积,导致冬春季纤维性骨营养不良发病率高。此外,饲养管理不当、肝肾疾病对促使本病的发生也是不可忽视的因素。饲养不当,主要是饲喂方法不当,如上槽后短时间内即添精饲料;管理不当,主要是运动不足或过度使役;肝肾疾病会影响维生素 D 的羟化,这些因素均可影响钙的吸收而导致本病发生。

(二)临诊症状

病畜初期,不愿活动,精神不振,跛行,喜欢卧地,背腰僵硬。站立时两后肢频频交替负重。行走时步样强拘,往往出现一肢或数肢跛行。消化不良和异食癖伴随整个疾病过程,常出现舐墙吃土、啃咬木槽等,喜食食盐和精饲料。体温、脉搏、呼吸一般无明显变化。

疾病进一步发展,骨骼肿胀变形。牙齿磨灭不整、松动,甚至脱落。病畜咀嚼困难。骨质疏松脆弱,容易骨折。额骨的硬度下降,骨穿刺针很容易刺入。

(三)实验室检查要点

X射线检查,发现尾椎骨的皮质变薄,皮质与髓质之间的界限模糊;颅骨表面不光滑,骨质密度不均匀。

血液学检查,血钙和血磷水平的测定无特殊临诊意义,但严重时出现血钙含量下降,血清碱性磷酸酶(ALP)及其同工酶水平的测定则可判定破骨性活动的程度。血清(甲状旁腺激素)PTH含量显著升高。白细胞(WBC)仅在分类上有变化,如中性粒细胞百分数(Neu%)降低及淋巴细胞百分数(Lym%)增高。

(四)防治

1. 调整日粮结构

主要是保持日粮钙磷比例在1~2∶1范围内,注意饲料搭配,减喂精料,特别减少麸皮和米糠等的饲喂,增加优质干草和青草。

2. 补充钙剂

静脉注射10%葡萄糖酸钙溶液20~50 mL,每天1次,连用7 d。为促进钙盐沉着,维生素D_3 1~2 mL分点肌内注射。也可静脉注射10%氯化钙溶液和10%水杨酸钠溶液(二者交替进行,即第一天为水杨酸钠,第二天为氯化钙,每天1次,每次10~20 mL),疗程为7~10 d。

五、羔羊异食癖

羔羊异食癖(allotriophagia of lamb)又称羔羊异嗜癖或羔羊异食症,是由于营养、环境和疾病等多种因素造成代谢机能紊乱,味觉异常等所引起的一种复杂的多种疾病的综合征。患病畜禽以舔食、啃咬通常认为无营养价值而不应该采食的异物(如被毛、粪尿、墙皮、石块、泥土、煤渣、纸片及污物等)为特征。多数情况下，羔羊异食癖是由于缺乏矿物质和维生素等营养物质所引起的。

(一)病因

1. 营养

许多营养因素已被认为是引起异食癖的原因。饲料单一，硫、钠、铜、钴、锰、钙、铁、磷、镁等矿物质不足，特别是钠盐的不足是常见原因。钠的缺乏可因饲料里钠不足，也可因饲料里钾盐过多，因为机体要排除过多的钾，必须同时增加钠的排出。长期喂给大量精料或酸性饲料过多，都可引起体内碱的消耗过多，通常有异食癖的家畜多喜舔食带碱性的物质。绵羊的食毛症，与硫及某些蛋白质、氨基酸的缺乏有关。某些维生素的缺乏，特别是维生素 B 族的缺乏，可导致体内的代谢机能紊乱而诱发异食癖。

2. 疾病

一些临诊和亚临诊疾病已被证明是异食癖的一个原因，如体内外寄生虫通过直接刺激或产生毒素而诱发异食癖。患有佝偻病、软骨病、慢性消化不良、前胃疾病、某些寄生虫病等可成为异食的诱发因素。虽然这些疾病本身不可能引起异食癖，但可产生应激作用，加重异食癖症状。

(二)症状

绵羊可发生食毛癖，主要发生在早春饲草青黄不接的时候，且多见于羔羊。病羔啃食母羊羊毛，或在羊圈内捡食脱落的羊毛或啃食墙皮、土块等。患病羔羊皮毛粗乱，食欲减退，日渐消瘦。患羊易惊恐，对外界刺激敏感，以后则迟钝。有的病羔流涎、磨牙。在胃肠内形成毛球的病羔可表现腹痛症状。

异食癖多呈慢性经过，对早期和轻型的患畜，若能及时改善饲养管理，采取适当的治疗措施很快就会好转；否则病程拖得很长，可达数月,甚至1～2年,随饲养条件的变化,常呈周期性的好转与发病的交替变化,最后衰竭死亡。

(三)防治

1.预防

应根据动物不同生长阶段的营养需要,喂给全价配合饲料,当发现有异食癖时,可适当增加矿物质和复合维生素的添加量。此外,喂料要做到定时定量,选用优质饲料原料,不喂冰冻、发霉变质的饲料。有条件时,可根据饲料和土壤情况,缺什么补什么;对土壤中缺乏某种矿物质的牧场,要增施含该物质的肥料,并采取轮换放牧。有青草的季节多喂青草;无青草的季节要喂质量好的青干草或青贮料。喂青贮饲料的同时,加喂一些青干草。

必须在病因学诊断的基础上,有的放矢地改善饲养管理,消除各种不良因素或应激原的刺激,如防止拥挤,加强通风,根据羊场的环境,合理安排羊群密度,搞好环境卫生等。

避免寄生虫病发生。对寄生虫病进行流行病学调查,定期驱虫,一般要求每年春秋季节各驱虫一次,肥育羊进圈后分批次进行2次驱虫,以防寄生虫病诱发的异食癖。

2.治疗

(1)B族维生素、维生素D、维生素A缺乏时,调整日粮组成,供给富含B族维生素、维生素D、维生素A的饲草料,如夏季增喂青绿饲料,冬季提供优质干草和矿物性饲料,增加室外运动及阳光照射时间。

(2)饲料中添加贝壳粉、食盐及微量元素添加剂,如羊用微量元素舔砖或微量元素散等。

(3)如果日粮以玉米、豆粕为主,添加蛋氨酸以平衡氨基酸。适量添加食用盐,最好选用矿物质微量元素盐粉。还可添加调味或消食剂,如大蒜、白糖及调味剂等改善羊的异食癖。

(4)胃肠中形成毛团的,可用油类泻剂助其排出。对病情严重或使用泻剂不能排出毛团的病羔，可行手术治疗。

方一：羊缺钙，补充磷酸氢钙，并注射一些促钙吸收的药物，如：1%维生素 D_3 5 mL，也可内服鱼肝油 10～30 mL；另外，保证日粮钙磷比例 1.5～2∶1。

方二：长期喂给青贮玉米，缺乏碱的可供给食盐（5～10 g/d）或/和小苏打（5～10 g/d）或人工盐（10～20 g/d）等。

方三：缺乏硒，可以肌内注射亚硒酸钠维生素 E 注射液，成年羊 30～50 mL/次，羔羊 5～8 mL/次；或肌内注射 0.1%亚硒酸钠 5～8 mL/次。2 天一次，连用 3～5 次。

方四：缺乏铜，每只羊口服硫酸铜 0.07～0.3 g（配成浓度为 0.5%的水溶液），或在日粮中添加铜，使硫酸铜的饲料含量水平达到 25～30 mg/kg，连喂 2 周。

方五：缺乏锰，每只羊口服硫酸锰 2 g 或每吨饲料中添加硫酸锰 200 g。

方六：缺乏钴，可内服氯化钴 0.005～0.04 g 或通过瘤胃投服钴丸或硒、铜、钴微量元素缓释丸，有良好的防治效果。

方七：B 族维生素、维生素 D、维生素 A 缺乏时，补给鱼肝油每次 20～60 mL。

方八：瘤胃环境的调节，可用酵母片 10 片，生长素 2 g，胃蛋白酶 5 片，龙胆末 5 g，麦芽粉 10 g，石膏粉 5 g，滑石粉 5 g，多糖钙 5 g，复合维生素 B 5 片，人工盐 20 g 混合，一次内服。每天 1 剂，连用 5 d。

方九：中兽医辨证施治，调理脾胃。方剂：枳壳 25 g，菖蒲 25 g，炙半夏 20 g，当归 25 g，泽泻 25 g，肉桂 25 g，炒白术 25 g，升麻 25 g，甘草 15 g，赤石脂 25 g，生姜 30 g。共为细末，分 30 只羊口服。

方十：中兽医辨证施治，调理脾胃。方剂：神曲 60 g，麦芽 45 g，山楂 45 g，厚朴 30 g，枳壳 30 g，陈皮 30 g，青皮 20 g，苍术 30 g，甘草 15 g，共为细末，分 30 只羊口服。

附录一　羊营养代谢病的综合诊断表

羊营养代谢病的临床综合鉴别诊断表

病名	主要病因	主要临床症状及典型病理变化
羊酮血症	日粮的精、粗饲料配比不当，碳水化合物不足	多见于冬季舍饲奶山羊和高产母羊泌乳的第一个月。神经症状，乳汁、呼出气体及排出的尿有相同的酮味(烂苹果味)。剖检出现脂肪肝。临床实验室检查以出现低糖血症、酮血症、酮尿症和酮乳症为特征
绵羊妊娠毒血症	妊娠母羊日粮中缺乏碳水化合物等营养物质	妊娠后期发病，瞳孔散大，角膜反射消失，体温不高，呼出的气体有丙酮味(烂苹果味)。同群公羊等非妊娠羊不发病。肝肿大，切面土黄色。高度营养不良(皮下及肠系膜脂肪消失)。解剖中有丙酮气味
羔羊低糖血症	天冷，羔羊体弱，哺乳不足或不及时	新生羔羊发病。病初战栗，共济失调，体温下降；后期痉挛抽搐，阵发性发作，最后昏睡，如不及时处理会很快死亡
黄脂肪病	饲料中不饱和脂肪酸过多和脂肪酸败，维生素 E 不足，铜添加过量	多见于育肥羔羊，多不表现临床症状，只个别病羊出现食欲减退，发呆，可视黏膜黄染等症状。屠宰时发现体脂呈柠檬黄色，骨骼肌和心肌松软、质脆、呈灰白色，有异常腥臭味。极个别病羊出现肝脏肿大、质脆、呈黄褐色的病理变化
羔羊消化不良	母羊妊娠后期营养不良，羔羊体质差；羔羊饮食不当或温度过低	病羔精神不振，食欲降低，逐日消瘦，食物不能充分消化，但全身症状轻微，体温正常

续表

病名	主要病因	主要临床症状及典型病理变化
食毛症	硫摄入不足,或其吸收受到高氟、低铜、高磷低钙的干扰。铜、锌、锰、钴等缺乏亦是诱因	绵羊、山羊啃食被毛成瘾,大批羊只同时发病,症状相同,且具有明显的地域性和季节性。病羊贫血、营养不良,异食,被毛稀疏,大片皮肤裸露,但体温、脉搏正常。消化道内常形成毛球,发生消化道梗阻时病羊表现腹胀、腹痛症状
骨软症	钙磷代谢障碍,以缺磷为主	成年动物多发,消化障碍,异食,跛行,长骨变形,骨端膨大,肋骨、肱骨易发生骨折
青草搐搦	初春羊群吃多汁、幼嫩的单子叶植物(如麦苗)时发病	又称低镁血症、泌乳抽搐。以强直性和阵发性肌肉痉挛、惊厥、呼吸困难和急性死亡为特征。单独给钙剂无效,需同时补镁
母羊生产瘫痪	各种引起产后血钙降低的因素	低钙血症。分娩后不久突然轻瘫,四肢麻痹,卧地不起,昏迷和体温下降。钙制剂治疗效果显著
运输死亡	应激刺激因素多,低钙血症	羊在运输过程中或装卸时发生死亡。特征是麻痹,后肢跨向外方,趴卧姿势,低血钙所致
铜缺乏症(羔羊摆腰病)	日粮中铜含量不足或吸收率低	主要发生于羔羊,又叫摆腰病。以运动障碍、贫血、腹泻、骨骼异常和被毛褪色为特征。驱赶时后肢运动失调,后躯摇摆,极易摔倒,快跑或转弯时尤明显。剖检见肝、脾和肾有大量含铁血黄素沉着
碘缺乏症	日粮中碘含量不足,机体碘需求量增加(妊娠、泌乳及羔羊生长),饲料中含颉颃物,如钙、锰、铅、氟、镁、豌豆、亚麻粉等	主要表现为甲状腺肿大(重量超过2.8 g)、代谢障碍和繁殖性能降低,另外,碘缺乏影响羊毛的质量和产量
铁缺乏症	日粮中铁含量低,摄入不足	贫血,并伴有成红细胞性骨髓增生。剖检见血液稀薄,肉质淡白,骨髓的红髓呈淡粉红色,黄髓正常

续表

病名	主要病因	主要临床症状及典型病理变化
锌缺乏症	日粮中锌不足，或干扰物质过多	生长发育受阻，皮肤皲裂，皮屑多，蹄变形，骨骼发育异常和创伤愈合延迟。流涎。口腔、网胃和真胃黏膜肥厚，胃黏膜角化不全
锰缺乏症	日粮中锰不足，或干扰物质过多	骨骼变短变粗，患羊四肢变形，关节肿大，运动障碍。繁殖机能障碍
维生素 A 缺乏症	饲料中维生素 A 及其前体含量不足或遭到破坏，母乳中维生素 A 含量不足；维生素 A 吸收障碍，机体需求量增大，其他营养物(维生素 C、维生素 E、磷、钴、锰等)不足诱发	长期饲喂缺乏维生素 A 的饲料，病羊出现畏光，视力减退，失明及夜盲症；发生干眼病，此时结膜涂片检查，角化上皮样细胞数目增加；皮肤发炎，背部出现糠麸样结痂，蹄角质生长不良；繁殖力和抵抗力下降。公羊易发生尿结石。除此之外，羊维生素 A 缺乏时脑脊髓液压力显著升高
羊尿石症	维生素 A 缺乏，钙磷过多或比例失调；长期饲喂黏蛋白和磷过高的饲料(棉饼、高粱、麸皮)；饮水不足；阉割及限制饲养；遗传或继发于其他疾病	尿结石形成于肾盂和膀胱，但阻塞常发生于尿道。膀胱结石在不影响排尿时，不显示症状。尿道结石多发生在公羊龟头部和“S”状曲部，病羊表现尿频，尿痛，血尿，无尿，腹围增大，腹痛等。尿道完全阻塞时，则膀胱高度膨大、紧张，若不及时治疗，尿闭时间过长，则可导致膀胱破裂或引起尿毒症而死亡。取病羊尿液于显微镜下观察，见有脓细胞、肾上皮细胞或血液即可确诊
羔羊维生素 B_1 缺乏症	羔羊对维生素 B_1 的合成和吸收能力差，日粮中缺乏维生素 B_1，或饲料加工时维生素 B_1 遭到破坏	主要表现为体弱，四肢无力，行动摇摆，共济失调，惊厥，痉挛，角弓反张，消瘦，便秘或腹泻，食欲不振等，有时可见到水肿现象。严重时，则发生多发性神经炎，且多数是神经干炎

续表

病名	主要病因	主要临床症状及典型病理变化
羔羊维生素 B_2 缺乏症	日粮中缺乏维生素 B_2，或由于饲料被日光长久暴晒及碱处理使维生素 B_2 遭到破坏	病羊食欲不振，易疲劳，出现皮炎，脱毛，腹泻，贫血，眼炎，蹄壳易龟裂变形，生长迟缓等症状
佝偻病	维生素 D 及钙、磷缺乏	幼龄动物易发，消化紊乱，异食，跛行，骨、关节肿大，变形，肋骨与肋软骨交界处出现串珠状突起，质软，骨钙化不全
硒缺乏症（羔羊白肌病）	日粮中硒和维生素 E 含量不足	临床上以运动障碍，心脏衰弱和神经机能紊乱为主要特征。成年母畜繁殖障碍。羔羊运动后突然死亡，死前心率可达 150～200 次/分，体温正常。触诊背部、臀部肌肉肿胀，比正常肌肉硬，病变部位对称。剖检见骨骼肌色淡，呈鱼肉样或煮肉样，双侧对称。见“虎斑心”或“槟榔肝”病变
羊钴缺乏症（羊白肝病）	钴和维生素 B_{12} 摄入不足；土壤中钙、铁、锰含量和 pH 过高可降低牧草对钴的利用	钴缺乏早期体重增加缓慢，降低了饲料消耗和饲料转化率，泌乳和产毛量等生产性能明显降低。同时影响繁殖性能，如羔羊出生时体重轻，瘦弱无力，贫血及胃肠卡他，成活率降低，有的母羊不孕、流产等。部分病羊出现白肝病，肝肿大为正常的 2～3 倍，颜色灰白，脂肪变性；脾脏沉积血铁黄素。临床上病羊出现食欲下降或废绝，精神沉郁，体重下降，眼睛流泪，有浆液性分泌物；有的出现光敏反应，以及耳、鼻和上下唇附有浆液性分泌物，有的背部皮肤有斑块状血清样渗出物，而后结痂，分泌物逐渐由浆液性转为浆液脓性，可持续数月；有的出现运动失调，强直性痉挛，头颈震颤或失明等神经症状

续表

病名	主要病因	主要临床症状及典型病理变化
纤维性骨营养不良	饲料中钙磷含量不足或饲料中含有影响钙吸收的物质；日粮中钙磷比例失调；维生素 D 含量不足	病初不愿活动，精神不振，跛行，喜卧，背腰僵硬。站立时两后肢频频交替负重。步样强拘，往往出现一肢或数肢跛行。消化不良和异食癖伴整个疾病过程中，喜食食盐和精料。体温、脉搏、呼吸无明显变化。进一步发展为骨骼肿胀变形，牙齿磨灭不整、松动，甚至脱落，咀嚼困难。骨质疏松脆弱，容易骨折。额骨的硬度下降，骨穿刺针很容易刺入。X 射线检查，发现尾椎骨的皮质变薄，皮质与髓质之间的界限模糊
羔羊异食癖	饲料单一，矿物质、维生素缺乏，精料和酸性饲料过多；某些疾病诱发，如佝偻病、软骨病、寄生虫病等	多见于羔羊。病羔啃食母羊羊毛、墙皮、土块等。患羔皮毛粗乱，食欲减退，日渐消瘦，易惊恐，对外界刺激敏感，以后则迟钝。有的病羔流涎，磨牙。在胃肠内形成毛球的病羔可表现腹痛症状。异食癖多呈慢性经过，病程可达数月，甚至1～2 年，随饲养条件的变化，常呈周期性的好转与发病交替，最后衰竭死亡

附录二　新疆维吾尔自治区羊营养代谢病防治技术地方标准

一、羔羊白肌病防治技术规程(DB65/T 3967—2016)

The Technical Regulation for Prevention and Cure of White Muscle Disease in Lambs

（2016-12-30 发布　2017-01-30 实施）

1　范围

本标准规定了羔羊白肌病的术语和定义、诊断和防治要求。

本标准适用于羊养殖场(户)和动物诊疗单位对羔羊白肌病的诊断与防治。

2　规范性引用文件

下列文件对于本文件的应用是必不可少的。凡是注日期的引用文件，仅所注日期的版本适用于本文件。凡是不注日期的引用文件，其最新版本(包括所有的修改单)适用于本文件。

NY/T 5030—2016 无公害食品　兽药使用准则

NY 5032—2016 无公害食品　畜禽饲料和饲料添加剂使用准则

NY/T 5151 无公害食品　肉羊饲养管理准则

3　术语和定义

下列术语和定义适用于本文件。

3.1　羔羊白肌病(White muscle disease in lambs)

一种营养代谢病，又称肌营养不良症(Muscular dystrophy)，是羔羊以骨骼肌、心肌及肝脏发生变性坏死，出现运动障碍及呼吸、消化机能紊乱，并发运动障碍和急性死亡为临床特征的微量元素硒(Se)及维生素 E 缺乏症。羔羊白肌病因发病羔羊病变部位肌肉色淡、苍白而得名。

4 诊断要求

4.1 发病原因

4.1.1 硒的摄入不足

原发性硒缺乏主要是饲料含硒不足,土壤硒低于 0.5 mg/kg 时,植物(牧草或饲料)含硒量低于 0.1 mg/kg 时便不能满足动物机体生长和代谢的要求。

碱性土壤硒易被植物吸收,酸性土壤影响植物对硒的吸收。

铜、锌等元素影响饲料中硒的吸收利用。

维生素 E 及其他抗氧化物质含量不足,尤其是不饱和脂肪酸含量不足也可诱发硒缺乏症。

4.1.2 维生素 E 缺乏

长期饲喂维生素 E 含量较少的秸秆、块茎类植物,或饲喂的饼粕类饲料曾经化学浸油法处理,维生素 E 含量较少。

谷物在收获、加工和储运过程中被暴晒、浸渍、发酵或霉烂时,维生素 E 大量损失。

动物患有肝胆疾病,胆汁分泌不足或流入肠道受阻,影响维生素 E 的吸收。

维生素 E 的消耗量增加,如饲料中不饱和脂肪酸(亚油酸、亚麻酸、花生油、豆油、鱼脂等)因储藏不当氧化变质后可颉颃维生素 E。

4.2 流行病学特点

羔羊白肌病多呈地方流行性,主要发生于 6 月龄以内的羔羊,2～5 周龄羔羊、生长发育快、膘情好的羔羊多发、群发,且死亡较快。体弱者则常并发其他疫病,并导致急性死亡。冬春气候骤变、缺乏青绿饲料时发病率、病死率较高。羔羊白肌病死亡率可达 40%～60%,严重缺硒地区高达 90%。

4.3　临床症状

不同动物缺乏硒和维生素E的病症不同，羔羊则主要表现为白肌病。羔羊白肌病主要表现为肢体僵硬、后躯运动不灵、心力衰竭、抵抗力下降而并发的肺炎，根据病程可分为下列病型：

(1)最急性型　病羊在受到惊吓而剧烈运动或过度兴奋时突然死亡，无前驱症状。

(2)急性型　病羊侧卧，呼吸急促(80～100次/min)，心跳加快(200次/min以上)，心律不齐，心功能不全，体温正常。通常在出现症状后16～20 h死亡。

(3)亚急性型　病羔精神沉郁，站立困难，后肢无力，拖地行走，步态僵直，共济失调，严重者站立不稳，易跌倒。有的病羔轻瘫卧地，常因继发感染而体温升高。多数病羔有食欲。触诊背部和臀部，常发现肌肉肿胀发硬，呈对称性。

(4)慢性型　常发生于2～4周龄羔羊，表现生长发育停滞，心功能不全，呼吸浅快(达80～100次/min)，心动快而弱(脉搏达180～200次/min)，四肢无力，行走困难，共济失调，可视黏膜苍白，四肢及胸腹下有水肿，消化机能紊乱，肠音弱，顽固性腹泻，体温稍低。部分病羔出现强直性痉挛，随即出现麻痹、血尿。后期食欲废绝，多因心力衰竭和肺水肿而死亡。成年羊多出现结膜炎、角膜混浊、失明等，可继发支气管炎和肺炎。

4.4　病理变化

解剖病死羔羊主要见骨骼肌色淡，有局限性的发白或灰白色变性区，呈鱼肉样或煮肉样，病变部位左右两侧对称；心脏扩张，心肌变薄，心肌内外膜下肌肉层有黄白、灰白条纹或斑，俗称“虎斑心”；肝肿大，切面有槟榔样花纹，俗称“槟榔肝”。组织切片检查可见肌纤维肿胀、断裂，横纹消失，核固缩或碎裂，胞浆变成着色不均匀的无结构玻璃样物，为肌肉凝固性坏死。

4.5 实验室检查

4.5.1 GSH-Px活性检查

全血谷胱甘肽过氧化物酶(GSH-Px)活性偏低(见附录A)可确诊。

4.5.2 血清生化检测

血清天门冬氨酸氨基转移酶(AST)、肌酸激酶(CK)和乳酸脱氢酶(LDH)活性明显高于正常,为心肌和骨骼肌损伤的特异性指标,血清肌酐(CRE)含量亦明显升高,可作为本病诊断的参考。

5 防治要求

5.1 预防

5.1.1 短期预防

入冬时肌内注射0.1%亚硒酸钠1次,每只羊4~6 mL,并补充适当精料。

5.1.2 长期预防

应保证日粮含硒0.1~0.2 mg/kg,达不到这一水平,需添加亚硒酸钠补齐。饲料中添加亚硒酸钠维生素E粉或羊用含硒微量元素(按产品说明使用),或补饲含硒微量元素舔砖。

加强怀孕母羊、羔羊的饲养管理,多喂青绿饲料及燕麦芽、麦芽及谷芽(稍出芽即可)。紫云英含硒较高,可适当饲喂。饲料中可适当补给硒、钴、锰、铜等微量元素和维生素E。

对缺硒地区或怀疑缺硒地区,应及时对当地常用饲料进行微量元素含量分析,再根据羊的饲养标准在日粮中补齐缺乏的微量元素,以预防本病。

以上各条中饲料及饲料添加剂的使用应符合NY 5032—2016的规定,饲养管理应符合NY/T 5151的规定。

5.2 治疗

5.2.1 补硒和维生素E

常用药物:

(1)0.1%亚硒酸钠注射液，皮下或肌内注射，每只羔羊 2～3 mL/次，1 次/(1～3 d)，连用 2～4 次；

(2)醋酸维生素 E 注射液，肌内注射，每只羔羊 100～500 mg/次，1 次/(1～3 d)，连用 2～4 次；

(3)亚硒酸钠维生素 E 注射液，肌内注射，用法参考制剂说明；

(4)亚硒酸钠维生素 E 预混剂(成分：亚硒酸钠 0.4 g，维生素 E 5 g，碳酸钙加至 1000 g)，每 1000 kg 饲料混入 500 g～1000 g；

(5)维生素 E 软胶囊，口服，每只羔羊 50～100 mg/次，1 次/d，连用 5～10 d；

(6)以上药物可单独使用，注射药物与口服药物配合使用效果更佳。

5.2.2　预防继发感染

常用药物：

(1)青霉素钠，肌内注射，4 万 U/kg，2 次/d，连用 2～3 d；

(2)硫酸庆大霉素注射液，肌内注射，4 mg/kg，1 次/d，连用 2～3 d；

(3)氨苄西林钠，肌内注射，15 mg/kg，2 次/d，连用2～3 d。

5.2.3　对症治疗

如抗炎可选用地塞米松磷酸钠，皮下或肌内注射，每只羔羊每次 1～2 mg，1 次/d，连用 3 d。

以上各条中药物使用应符合 NY/T 5030－2016 中第 5.3、5.4、5.5、5.6 条的规定。

附录 A

(规范性附录)

全血谷胱甘肽过氧化物酶(GSH-Px)活力测定

A.1　原理

谷胱甘肽过氧化物酶(GSH-Px)可以促进过氧化氢与还原型

谷胱甘肽(GSH)反应生成水和氧化型谷胱甘肽(GSSG),GSH-Px的活性可用其酶促反应的速度来表示,测定酶促反应中 GSH 的消耗,则可求出酶的活性。GSH 和 5,5'-二硫对硝基苯甲酸(DT-NB)反应在 GSH-Px 催化下可生成黄色的 5-硫代 2-硝基苯甲酸阴离子,于 423 nm 波长有最大吸收峰,测定该离子浓度,即可计算出 GSH 减少的量,由于 GSH 能进行非酶反应氧化,所以最后计算酶活力时,必须扣除非酶反应所引起的 GSH 减少。

A.2 仪器和试剂

A.2.1 仪器

可见光分光光度计、酶标仪、低温高速离心机、匀浆器、恒温水浴锅、微量加样器。

A.2.2 试剂

①叠氮钠磷酸缓冲液 pH 7.0

叠氮钠磷酸缓冲液 pH 7.0 各成分称量及浓度见表 A.1。

表 A.1 叠氮钠磷酸缓冲液 pH 7.0 各成分称量及浓度

试剂	称量(mg)	终浓度(mmol/L)
NaN_3	16.25	2.5
$EDTA-Na_2$	7.44	0.2
Na_2HPO_4	1732	200.0
NaH_2PO_4	1076	200.0

注:加蒸馏水至 100 mL,用少量 HCL、NaOH 调 pH 7.0,4℃保存。

②1 mmol/L 谷胱甘肽(还原型 GSH)溶液

GSH 30.7 mg 加叠氮钠磷酸缓冲液至 100 mL,临用前配制,冰冻保存 1~2 d。

③1.25~1.5 mmol/L H_2O_2溶液

取 30% H_2O_2 0.15~0.17 mL,用双蒸水稀释至 100 mL,作为贮备液,4℃避光保存,临用前将贮备液用双蒸水稀释 10 倍即可。

④偏磷酸沉淀液

偏磷酸沉淀液各成分称量见表 A.2。

表 A.2　偏磷酸沉淀液各成分称量

试剂	称量(g)
HPO_3	16.7(先用蒸馏水溶解)
EDTA	0.5
NaCl	280.0

注:加蒸馏水至 1000 mL,用普通滤纸过滤,室温保存。

⑤0.32 mol/L Na_2HPO_4溶液

Na_2HPO_4 22.7 g 加蒸馏水至 500 mL,室温保存。

⑥DTNB 显色液

DTNB 显色液各成分称量见表 A.3。

表 A.3　DTNB 显色液各成分称量

试剂	质量(mg)
DTNB	40.0
柠檬酸三钠	1000.0

注:加蒸馏水至 100 mL,4℃避光保存 1 个月。

⑦0.2 mol 磷酸缓冲液 pH 7.4

⑧0.9% 生理盐水

A.3　实验步骤

A.3.1　样品制备

取全血 10 μL 加入 1 mL 双蒸水中,充分振摇,使之全部溶血 1∶100 待测,4 h 内测定酶活力。若当天来不及测定,将肝素抗凝全血置−20 ℃冻存,3 d 内测定,若 4℃存放,28 h 内必须测完。测前取出样品室温自然解冻。

A.3.2　GSH 标准曲线的制作

取 1.0 mmol/L　GSH 溶液 0 mL、0.2 mL、0.4 mL、0.6 mL、0.8 mL、1.0 mL,分别置于 10 mL 小容器瓶中,各加入偏磷酸沉淀

剂 8 mL，用双蒸水稀释至 10 mL 刻度，即得到浓度为 0 μmol/L、20 μmol/L、40 μmol/L、60 μmol/L、80 μmol/L、100 μmol/L 的 GSH 标准液。

取上述不同浓度标准液各 2 mL，放入试管中，加入 0.32 mol/L Na_2HPO_4 2.5 mL，比色前加入 DTNB 显色液 0.5 mL 用光径 1 cm 杯，5 min 内在可见光 423 nm 波长测 OD 值，以双蒸水调零点。

以 GSH 含量（μmol/L）为横坐标，OD_{423} 值为纵坐标，绘制标准曲线。

A.3.3 测定步骤

GSH 含量测定步骤见表 A.4。

表 A.4 GSH 含量测定步骤

步骤	试剂	样品管（mL）	非酶管（mL）	空白管（mL）
1	1.0 mmol/LGSH	0.4	0.4	—
	样品**	0.4	—	—
	双蒸水*	—	0.4	—
2	37℃水浴预温 5 min			
3	H_2O_2（37℃预热）	0.2	0.2	—
4	37℃水浴准确反应 3 min（严格控制时间）			
5	偏磷酸沉淀液	4	4	—
6	3000 r/min 离心 10 min			
7	离心上清液	2	2	—
8	双蒸水	—	—	0.4
9	偏磷酸沉淀液	—	—	1.6
10	0.32 mol/L Na_2HPO_4	2.5	2.5	2.5
11	DTNB 显色液	0.5	0.5	0.5

注：(1)显色反应 1 min 后于 423 nm 波长（1 cm 光径），读 OD 值，5 min 之内读数准确。

(2)如用试剂盒，可按试剂盒的操作要求进行。

A.3.4　计算

全血 GSH-Px 活力单位　规定每 1 mL 全血，每分钟，扣除非酶反应的 log [GSH]降低后，使 log [GSH]降低 1 为一个酶活力单位。全血 GSH-Px 活力单位计算见下式。

全血 GSH-Px 活力单位(U/mL 全血)=(非酶管 log [GSH]－样品管 log [GSH])/(3 min×0.004 mL)=(log [非酶管 OD－空白管 OD]－log [样品管 OD－空白管 OD])/(3 min×0.004 mL)

式中：

log [GSH]——谷胱甘肽含量(μmol/L)的自然对数；

OD——被检物吸收光密度。

A.4　注意事项

A.4.1　由于 H_2O_2 易分解导致浓度改变，临用时取贮备液用分光光度计测其浓度，取贮备液 3 mL，测定 1 cm 光径的 240 nm 处 OD 值。H_2O_2 浓度计算见下式。

H_2O_2 浓度(mmol/L)= OD/0.036

式中：

0.036 ——消光系数；

OD—— 被检物吸收光密度。

若 OD 值为 0.45，则表明 H_2O_2 浓度为 12.5 mmol/L。

A.4.2　5-硫代 2-硝基苯甲酸阴离子的显色不仅与整个反应体系中氢离子浓度有关，还受反应时间限制。加入显色剂后，反应体系 pH 为 6.5 时，11 min 开始显色，此时比色 5 min 内读数准确。

A.5　判定标准

羊红细胞 GSH-Px 活性临床判定标准见表 A.5。

表 A.5 羊红细胞 GSH-Px 活性临床判定标准

临床状况	RBC GSH-Px/(μmol/gHb)
正常	60～80
临界	8～30
缺乏	2～7

二、羊妊娠毒血症防治技术规程(DB65/T 3968－2016)

The Technical Regulation for Prevention and Cure of Pregnancy Toxemia in Sheep

(2016-12-30 发布　　2017-01-30 实施)

1　范围

本标准规定了羊妊娠毒血症的术语和定义、诊断和防治要求。

本标准适用于养羊场(户)和动物诊疗单位对羊妊娠毒血症的诊断与防治。

2　规范性引用文件

下列文件对于本文件的应用是必不可少的。凡是注日期的引用文件,仅所注日期的版本适用于本文件。凡是不注日期的引用文件,其最新版本(包括所有的修改单)适用于本文件。

NY/T 5030－2016 无公害食品　兽药使用准则

NY 5032－2016 无公害食品　畜禽饲料和饲料添加剂使用准则

NY/T 5151 无公害食品　肉羊饲养管理准则

3　术语和定义

下列术语和定义适用于本文件。

3.1　羊妊娠毒血症 (Pregnancy toxemia in sheep)

母羊怀孕末期由于碳水化合物和挥发性脂肪酸代谢障碍而发生的一种亚急性营养代谢病,又称羊妊娠中毒症、羊妊娠反应症和羊临产拒食症。怀孕末期的多胎母羊多发，以低血糖、酮血症、酮尿症、产前瘫痪、肝实质脂肪变性为主要特征。

3.2　酮体（Ketone body;acetone body）

β-羟丁酸、乙酰乙酸和丙酮的总称，由乙酰辅酶A生成。

4　诊断要求

4.1　发病原因

4.1.1　营养不足

(1)由于饲养管理条件差，饲料营养单一或不足，不能满足胎儿和母羊自身营养的需要，易出现低血糖，导致能量代谢紊乱，新陈代谢机能衰退，适应外界能力降低。

(2)日粮的营养不平衡和供给不足，使机体生糖物质缺乏，容易患发妊娠毒血症。

(3)缺硒。缺硒时，碳水化合物供给不足致体脂分解产生的过氧化物不能被及时清除，损害肝脏，从而加速妊娠毒血症的发生。

(4)缺乏生物素。生物素(维生素 B_7)缺乏时羧化酶的活性降低，糖异生作用减弱或停止引起低血糖，可造成脂肪和蛋白质的代谢紊乱从而导致妊娠毒血症的发生。

4.1.2　其他因素

(1) 妊娠后期胎儿生长迅猛，需消耗大量能量，多胎羊尤为突出，是母羊妊娠毒血症的重要致病原因；

(2)在天气骤变、运输、长期惊吓等应激因素作用下，造成母羊对外界环境的适应能力降低，可引发发病；

(3)妊娠母羊缺乏运动，空怀期和妊娠早期过于肥胖；

(4)寄生虫感染也增加了孕羊发生妊娠毒血症的风险。

4.2　流行病学特点

怀孕后期母羊，特别是怀双羔、三羔的母羊(如小尾寒羊、洼地绵羊、萨福克和湖羊等多胎羊品种)多发，常在怀孕最后一个月发生，发病率可达20%，病死率高达70%～80%。

4.3 临床症状

妊娠母羊患病前期出现精神沉郁、离群呆立或伏卧，视力减弱，不愿走动，对外界刺激反应减弱。患病后期食欲废绝，可视黏膜黄染，运动失调(步态不稳，无目的地原地走动，或将头部紧靠在某一物体上，或做转圈运动)，磨牙，反刍停止，呆滞凝视。病羊体温正常或偏低，为36.6～38℃，心跳加快，呼吸浅表，呼出的气体带有丙酮味(烂苹果味)。出现丙酮气味为本病的示病症状。重症病羊起立困难，头向后仰或弯向一侧，卧地不起，四肢做不随意运动，耳震颤，眼球挛缩，全身痉挛，多于1～3 d内昏迷死亡。

4.4 病理变化

剖检可见：腹水增多，体腔有烂苹果味；多胎，便秘，高度营养不良(皮下及大网膜脂肪耗竭)；肝脏肿大，是正常的2～3倍，质脆易碎，切面油腻呈土黄色；肾脏肿胀、出血，并伴有脂肪变性；肾上腺肿胀，皮质髓质充血、出血。

4.5 实验室检查

4.5.1 血糖检查

血糖浓度有明显的降低，有的甚至降至1.4 mmol/L，正常血糖浓度为3.33～4.99 mmol/L。

4.5.2 血清生化检测

患羊血液总蛋白减少，血清酮体(KET)含量显著增高(健康羊血清酮体含量一般不高于5.85 mmol/L，病羊血清中的酮体含量显著增高)。丙氨酸氨基转移酶(ALT)、天门冬氨酸氨基转移酶(AST)、γ-谷氨酰转肽酶(GGT)、总胆红素(TBI)、乳酸脱氢酶(LDH)的升高，则有助于判断肝脏损害的程度。

4.5.3 酮体检查

取亚硝酸铁氰化钠3 g，硫酸铵100 g，无水碳酸钠50 g，混匀、研磨，取上述混合粉末少许放在载玻片上，加尿液、乳汁或血清2～3滴，立即出现紫红色为阳性。如果血糖降低、血酮体升高和总蛋白含量降低，或尿液、乳汁，或血清酮体检测结果均呈阳性，即可确诊。

5　防治要求

5.1　预防

5.1.1　加强营养和管理

合理搭配饲料，精细化饲养管理，应符合 NY 5032－2016 和 NY/T 5151 的规定。具体措施如下：

(1)对孕羊初期、中期和后期有不同的营养搭配和管理，防止因营养单一及管理不到位引发妊娠毒血症。可使用质量可靠的羊浓缩饲料，应符合 NY 5032－2016 的规定。

(2)保证怀孕母羊的体膘，在孕期的后 2 个月避免过肥或过瘦。

(3)勤观察羊群，发现怀孕母羊有类似症状的要提前检查和治疗。对确诊为妊娠毒血症的羊应及早做好全群预防和治疗工作。

(4)避免饲养人员和饲喂制度的改变，减少怀孕母羊应激，防止免疫力下降。

(5)公、母羊隔离饲养，防止后备母羊早配、滥配。

(6)产前 1～2 月，对怀孕母羊定期进行血清生化和尿酮等检查，及早发现并且及早处置。

5.1.2　适量运动

圈养的母羊怀孕后每日应驱赶运动 2 次，每次半小时以上，可有效预防羊妊娠毒血症和其他孕期疾病。在驱赶运动时应注意动作不要急，要稳，防止羊群互相拥挤、撕咬、跳跃、踢打。

5.2　治疗

5.2.1　补糖及促进糖代谢

(1)10％～25％葡萄糖 100～500 mL，静脉注射，1 次/d，连用 3～5 d；

(2)地塞米松磷酸钠 5～25 mg，肌内注射，1 次/d，连用

3～5 d；

(3)氢化可的松注射液 20～80 mg，静脉注射，1 次/d，连用 3～5 d；

(4)维生素 B_1 50～100 mg，肌内注射，1 次/d，连用 3～5 d；

(5)复合维生素 B 注射液 5 mL，肌内注射，1 次/d，连用 3～5 d。

5.2.2 保肝解毒

(1)每次 5%葡萄糖 100 mL 加维生素 C 0.5～1.5 g，静脉注射，1 次/d，连用 3～5 d；

(2)0.1%亚硒酸钠注射液，每只孕羊 4～6 mL/次，1 次/(4～5 d)，连用 2 次；

(3)每次 5%葡萄糖 250 mL 加复方甘草酸铵 6 mL，静脉注射，1 次/d，连用 3～5 d；

(4)每次 5%葡萄糖 100 mL 加肌苷 100 mg 加 ATP 20 mg 加维生素 C 2 g，静脉注射，1 次/d，连用 3～5 d。

5.2.3 调整脂肪代谢，减少酮体产生

(1)胰岛素 5～10 IU，静脉补糖后皮下注射，1 次/d，连用 3～5 d；

(2)氯化胆碱 3～5 g，内服，1 次/d，连用 3～5 d。

5.2.4 防止酸中毒

(1)5%碳酸氢钠 50～100 mL，静脉注射，1 次/d，连用 3～5 d；

(2)0.9%氯化钠 150 mL 加 5%碳酸氢钠 50 mL，静脉注射，1 次/d，连用 3～5 d。

5.2.5 其他对症治疗

(1)10%葡萄糖 250 mL 加 10%葡萄糖酸钙 50 mL，静脉注射，1 次/d，连用 3～5 d；

(2)速补钙 50 mL，内服，1 次/d，连用 3～5 d；

(3)10%氯化钾 5～10 mL,加入葡萄糖中静脉注射,1 次/d,连用 3～5 d(为防止补糖后出现的低钾血症);

(4)以上剂量均为每只羊每次的量,可根据具体临床状况和治疗条件组合上述用药。如常用的由 5.2.1(1)加 5.2.5(3)、5.2.1(2)、5.2.2(1)、5.2.3(1)、5.2.3(2)、5.2.4(1)或 5.2.5(1)等药物形成的组合。以上兽药的使用遵循 NY/T 5030—2016 的规定。

三、羊青草搐搦防治技术规程(DB65/T 4110—2018)

The Technical Regulation for Controlling Grass Tetany in Sheep

(2018-03-30 发布　　2018-04-30 实施)

1　范围

本标准规定了羊青草搐搦的术语和定义、诊断和防治要求。

本标准适用于羊养殖场(户)和动物诊疗单位对羊青草搐搦的诊断和防治。

2　规范性引用文件

下列文件对于本文件的应用是必不可少的。凡是注日期的引用文件,仅所注日期的版本适用于本文件。凡是不注日期的引用文件,其最新版本(包括所有的修改单)适用于本文件。

NY/T 5030 无公害农产品　兽药使用准则

NY 5032 无公害食品　畜禽饲料和饲料添加剂使用准则

NY 5151 无公害食品　肉羊饲养管理准则

3　术语和定义

下列术语和定义适用于本文件。

羊青草搐搦 (Grass tetany in sheep)是由低血镁所致的急性营养代谢病,以感觉过敏、精神兴奋、肌强直或阵发性痉挛为主要临床特征,也叫低镁血症或羊强直综合征。

4 诊断

4.1 发病原因

4.1.1 牧草中镁含量不足

大量施用钾肥和氮肥的植物含镁量低，其中以多汁、幼嫩的单子叶植物苗(如麦苗)含镁量最低。

4.1.2 镁吸收减少

牧草中钾、磷、氮、硫酸盐、柠檬酸盐以及脂类含量高，均可影响镁的吸收。

胃肠道疾病、胆道疾病导致消化机能障碍，使镁的吸收减少或排出增加，可致使血镁急剧下降。

采食幼嫩青草后导致瘤胃 pH 值升高(pH 6.5～6.7)，降低了金属类盐的溶解度，且采食青草导致食物在消化道中迅速通过，从而减少机体对钙、镁的吸收。

4.1.3 应激因素

兴奋、挤乳、饥饿等，可激发本病发生。

降雨、寒冷大风可使发病增加。

4.2 流行病学特点

在新疆，本病多发于 4—6 月份。一般情况下，舍饲后放牧于多汁草场的羊发病率多为 2%～12%，病死率多为 20%～30%。

4.3 临床症状

根据病程，羊青草搐搦可分为急性型、亚急性型和慢性型。

4.3.1 急性型

病羊突然仰头吼叫，然后倒地，呈现强直性痉挛，1 h 内死亡(猝死)。有些病例表现为惊恐不安，离群独处，不食，盲目乱走或狂奔；背、颈、四肢肌肉震颤，身躯摇摆；牙关紧闭，磨牙；头颈向一侧后仰；随后后肢、尾出现强直性痉挛，耳竖立；最后全身性痉挛，倒地死亡。

4.3.2　亚急性型

病羊易惊恐，头高举，面部、眼、耳阵发性抽搐；四肢频繁交替负重或僵硬、颤抖、抽搐。患羊有时变得凶猛或安静躺卧。心动加快或心音亢进，此症状具有临床诊断意义。

4.3.3　慢性型

病初无异常，食欲减少，肌肉微弱震颤，可自行恢复，也可发展为亚急性型或急性。

4.4　病理变化

可见病死羊鼻孔、口腔流出绿色草水。剖检见瘤胃黏膜严重脱落，胃内有大量未被消化的水样青绿饲草，胆汁稀薄色淡，肠系膜血管扩张，其他器官无明显可见异常。

4.5　实验室检查

4.5.1　血镁与血钙检测

病羊颈静脉无菌采血，全自动血清生化分析仪测定血清镁(Mg)和钙(Ca)含量。血镁含量减少，是本病特征性病变。本病多伴发低血钙。根据检测结果，即可确诊。

表1　血镁缺乏时血液中镁和钙的水平

指标	正常水平	缺乏
血镁(mmol·L^{-1})	1.03～1.33	降至0.16～0.37
血钙(mmol·L^{-1})	2.67～3.03	<1.75
Ca/Mg比值	5.6	升高至12.1～17.3

4.5.2　尿液检查

尿液淡黄、透明，比重下降；尿蛋白呈阳性，尿镁含量明显减少。

表 2 尿比重变化

指标	正常水平	变化范围
尿比重	1.015～1.065	1.008～1.015 或更低

4.6 鉴别诊断

羊青草搐搦应注意与下列类症疾病相鉴别。

(1)破伤风

常伴外伤,病羊四肢强直,牙关紧闭,流涎,不能采食,对声、光刺激敏感,病程较长,缺群发性特征。

(2)狂犬病

有咬伤病史,主要表现为紧张、恐水和上行性麻痹,缺乏抽搐症状,病羊有时具有攻击性,病程较长。

(3)酮病

常伴有惊厥和抽搐,呈现明显酮尿,有特征性的烂苹果气味。高糖治疗有效,镁制剂治疗无效。

(4)急性肌肉风湿

主要表现为肌肉疼痛,运动障碍,四肢僵硬,步态强拘,缺群发性特征,水杨酸等抗风湿药物有效。

(5)急性低血钙

主要发生在孕羊,产前产后出现瘫痪,喜卧地,臀部麻痹,强直性肌肉痉挛,钙制剂治疗有效。

5 防治

5.1 预防

(1)加强草场管理,在缺镁地区应施用含镁化肥,控制钾肥施用量,防止破坏牧草中镁、钾之间平衡。

(2)在土壤缺镁地区,羊群在春夏季放牧时,每周每只补饲硫酸镁 5～10 g;放牧前给予一些谷物、干草,或在贫瘠的草地上先放牧,然后再转入长势良好的草地放牧。

(3)尽量避免在寒冷、多雨和大风等恶劣天气放牧,防止诱发低镁血症。

以上各条中饲料及饲料添加剂的使用应符合 NY 5032 的规定,饲养管理应符合 NY/T 5151 的规定。

5.2　治疗

主要措施是补钙补镁,并对心脏、肝脏、肠道机能紊乱等具体情况对症治疗。

5.2.1　对因治疗

(1)方法一　对成年病羊缓慢静脉注射 25%硫酸镁 10～20 mL,以 10%葡萄糖溶液 200 mL 稀释,配合 25%硼酸葡萄糖酸钙 50 mL,1 次/d,连用 3 d。静脉注射镁制剂速度要缓慢,要注意心跳和脉搏频率,超过正常 2 倍时,须暂停,待脉搏恢复正常时再进行注射,以免发生意外。

(2)方法二　对发病羔羊缓慢静脉注射 25%硫酸镁 0.5 mL/kg,10%葡萄糖酸钙注射液 0.5 mL/kg,以 10%葡萄糖溶液 100 mL 稀释;同时肌内注射 25%硫酸镁 0.5 mL/kg。1 次/d,连用 3 d。

(3)方法三　成年病羊饮水中适量加入醋酸镁,每天每只 4～5 g。

(4)方法四　成年病羊口服硫酸镁 5～6 g,1 次/d,连用 10 d。

5.2.2　对症治疗

(1)可静脉注射肌苷、维生素 C 等保肝。

(2)针对肠胃机能紊乱(腹泻)治疗时禁用阿托品,因阿托品会使心肌亢进加剧,并使胃肠蠕动机能减弱,大便停滞,引起肠臌气。

(3)出现神经症状时,为了缓解惊厥,可肌内注射盐酸氯丙嗪,1～2 mg/kg;心脏衰弱时,要用强心剂治疗。

以上各条中药物使用应符合 NY/T 5030 的 5.3、5.4、5.5 和 5.6 等条款的相关规定。

四、羊钴及维生素 B_{12} 缺乏症防治技术规程

（DB65/T 4111－2018）

The Technical Regulation for Prevention and Treatment of Cobalt and Vitamin B_{12} Deficiency in Sheep

（2018-03-30 发布　　　　2018-04-30 实施）

1　范围

本标准规定了羊钴及维生素 B_{12} 缺乏症的术语和定义、诊断和防治要求。

本标准适用于羊养殖场（户）和动物诊疗单位对羊钴及维生素 B_{12} 缺乏症的诊断与防治。

2　规范性引用文件

下列文件对于本文件的应用是必不可少的。凡是注日期的引用文件，仅所注日期的版本适用于本文件。凡是不注日期的引用文件，其最新版本（包括所有的修改单）适用于本文件。

NY/T 5030 无公害农产品　兽药使用准则

NY 5032 无公害食品　畜禽饲料和饲料添加剂使用准则

NY 5151 无公害食品　肉羊饲养管理准则

3　术语和定义

下列术语和定义适用于本文件。

羊钴及维生素 B_{12} 缺乏症（Cobalt and vitamin B_{12} deficiency in sheep）

是一种以钴缺乏或/和维生素 B_{12} 缺乏为基础的营养代谢病，以突发性减食或不食、消瘦、流泪、可视黏膜苍白、贫血、异食癖等为临床特征；以肝脂肪变性、外观灰白为病理学特征，又称羊白肝病。

4　诊断

4.1　发病原因

4.1.1　钴缺乏

日粮中钴含量不足是引起该病的最主要原因。

土壤钴含量少于0.25 mg/kg或日粮中钴含量少于0.07 mg/kg干物质时即可造成羊发病。植物种类和生长阶段不同是影响植物钴含量的最主要原因，一般来说，豆科植物钴含量明显高于禾本科植物。

盐碱性土壤或土壤中钙、铁、锰含量高均会降低植物中的钴含量。

此外，某些有毒植物或饲草料霉变造成钴摄入量减少，从而诱发本病。

4.1.2　维生素 B_{12} 缺乏

在正常饲料条件下，瘤胃微生物仅能将3%的钴转变成维生素 B_{12}，保证瘤胃内纤维素的正常消化及瘤胃微生物生长和繁衍。当体内钴摄入不足时，会造成维生素 B_{12} 在体内合成进一步减少，若此时饲料中的维生素 B_{12} 也缺乏，则会发病。

4.2　流行病学特点

放牧或半舍饲羊群，钴及维生素 B_{12} 缺乏症多发于春夏季，以羔羊最为敏感，多在断奶期和断奶后开始发病。

4.3　临床症状

病羊精神不振，食欲减退，渐进性消瘦，可视黏膜苍白，眼睛有浆液或浆液脓性分泌物；瘤胃蠕动音减弱，继而出现异食癖；被毛逆立易脱落，皮肤增厚。有些病羊腹泻，少数出现光过敏反应。严重的出现共济失调、痉挛、震颤及失明等神经症状，偶见黄疸。新生羔初生重偏小、孱弱无力、成活率低。

4.4　病理变化

病死羊尸体明显消瘦，贫血；脂肪和肌肉组织萎缩；胃肠卡他，瘤胃空虚，内容物为水样；骨髓为粉红色。本病剖检最为典型的病变在肝脏，病程 10 d 左右死亡的羔羊，肝脏色灰白，肿大为正常的 2～3 倍，质脆弱，比重小（可浮于水面）；病程 30 d 左右死亡的羔羊，肝脏多无眼观异常，偶见灰褐色。

4.5 实验室检查

4.5.1 血常规检查

红细胞（RBC）和血红蛋白（HGB）显著降低，红细胞平均容积（MCV）显著升高，提示大细胞性贫血，可作为本病诊断的参考。

4.5.2 血清生化检测

丙氨酸氨基转移酶（ALT）、天门冬氨酸氨基转移酶（AST）、γ-谷氨酸氨基转移酶（GGT）、总胆红素（TBI）和直接胆红素（DBI）等指标明显升高，提示肝脏受损；血清白蛋白（ALB）、胆固醇（CHO）及葡萄糖（GLU）等明显降低，提示机体营养不良。可作为本病诊断的参考。

4.5.3 肝脏钴含量检测

取病羊肝组织，石墨炉原子吸收光谱法，测定钴含量，详见附录 A，判定标准见表 1。

表 1 羊肝脏中钴的水平

含量水平	正常	缺乏
钴含量（mg/kg）	＞0.2	＜0.07

4.5.4 甲基丙二酸（MMA）和亚氨甲基谷氨酸（FIGLU）测定

采集病羊尿液，测定其中 MMA 和 FIGLU 含量，判定标准见表 2。

表 2　尿液中甲基丙二酸(MMA)和亚氨甲基谷氨酸(FIGLU)水平

含量水平	正常	缺乏
甲基丙二酸(MMA)(μmol/L)	＜15	＞15
亚氨甲基谷氨酸(FIGLU)(mmol/L)	＜0.08	＞0.2

4.5.5　组织学检查

镜检发现肝小叶周边肝细胞脂肪变性、肿胀，胞浆内存在脂肪滴，巨噬细胞(枯否氏细胞)内有蜡样物质。脾脏存在广泛的含铁血黄素沉淀。可作为本病的诊断参考。

5　防治

5.1　预防

5.1.1　短期预防

春夏季本病流行地区在日粮中补充钴，按每天每只羊 0.1 mg 的剂量补饲。

5.1.2　长期预防

(1)羊群投服钴丸或硒、铜及钴微量元素缓释丸具有良好的预防效果。

(2)为预防羔羊钴和维生素 B_{12} 缺乏症，母羊妊娠阶段补充钴可提高乳汁钴和维生素 B_{12} 含量。

(3)妊娠母羊和羔羊补饲含钴微量元素舔砖，或饲料中适当含钴微量元素添加剂。同时补充维生素 B_{12}。

(4)在缺钴草场喷施含钴肥料，剂量为 400～600 g 硫酸钴/公顷，每年 1 次，或 1.2～1.5 kg 硫酸钴/公顷，每 3～4 年 1 次。

以上各条件中饲料及饲料添加剂的使用应符合 NY 5032 的规定，饲养管理应符合 NY/T 5151 的规定。

5.2　治疗

5.2.1　补钴和维生素 B_{12}

(1)硫酸钴，口服，每只病羊 2 mg，连服 7 d，间隔 2 周重复用药;或每周 2 次,每次 4 mg。

(2)氯化钴,口服,每只病羊 10 mg,每周 1 次,连用 2～4 次。

(3)维生素 B_{12} 注射液,肌内注射,100～300 μg/次,每周 2～3 次,连用 2～4 周。

(4)在口服补充钴的同时,配合肌内注射维生素 B_{12}(100 μg/只)效果更佳。

5.2.2　预防继发性感染

(1)青霉素,肌内注射,4 万 U/kg,2 次/d,连用 2～3 d。

(2)庆大霉素,肌内注射,4 mg/kg,1 次/d,连用 2～3 d。

(3)链霉素,肌内注射,10 mg/kg,1 次/d,连用 2～3 d。

以上用药方法根据临床情况斟酌。

5.2.3　对症治疗

(1)抗过敏可选用糖皮质激素类药物[如地塞米松磷酸钠(每只羔羊每次 1～2 mg)]或/和 H1 受体颉颃剂(如扑尔敏 0.5～1 mg/kg)等,皮下或肌内注射,1 次/d,连用 3 d。

(2)保肝可酌情选用复方甘草酸铵、肌苷、维生素 C、葡萄糖及氯化胆碱等药物。

(3)排黄可合用茵栀黄注射液和 10%葡萄糖注射液。

以上各条药物使用应符合 NT/T 5030 的 5.3、5.4、5.5 和5.6 等条款的相关规定。

附录 A

(规范性附录)

羊肝脏钴含量测定方法

A.1　原理

肝组织经灰化或酸消解处理后,导入原子吸收分光光度计石墨炉中,原子化后,吸收 240.7 nm 共振线,在一定浓度范围,其吸收值与钴含量成正比。

A.2　试剂

钴标准物质为光谱纯；硝酸(CR)；30%过氧化氢(GR)；乙二胺四乙酸二钠(EDTA-2Na)；磷酸二氢氨；钴标准储备液：1000 mg/L(国家标准物质中心)；钴标准使用液：由标准储备液用1%硝酸溶液稀释成50 μg/L钴标准使用液；超纯水。

A.3　仪器

原子吸收分光光度计；钴空心阴极灯；自控电热消化器；微量移液器；自动超纯水系统；电子分析天平；旋转振荡器。

A.4　分析步骤

A.4.1　样品的采集与处理

取肝脏组织(在没有立即处理的情况下，可以置于-20℃冻存备用)1.00 g，置于经盐酸处理的洁净称量瓶内，80℃烘干至恒重，烘干组织粉碎。采用微波加热高压聚四氟乙烯湿消化法消化组织样品，称取200.00 mg置于容量瓶中，然后加入5 mL 70%的硝酸和1 mL 30%的过氧化氢，消化完全后，定容至10 mL。

取与消化液相同量的硝酸，按同一方法做试剂空白试验。

A.4.2　测定

标准溶液的配制

吸取0.0 mL、1.0 mL、2.0 mL、5.0 mL、10.0 mL钴标准使用液，分别置于10 mL容量瓶中，加硝酸(0.5%)稀释至10 mL，混匀。容量瓶中每毫升分别相当于0 μg、0.10 μg、0.20 μg、0.50 μg、1.00 μg钴。

将处理后的样品、试剂空白液和各容量瓶中钴标准溶液分别导入调至最佳条件火焰原子化器进行测定，优化的仪器工作条件见表A.1。以钴标准溶液含量和对应吸光度，绘制标准曲线或计算直线回归方程，试样吸收值与曲线比较或代入方程求得含量。

表 A.1 火焰原子吸收光谱测定条件

元素	测定波长 (nm)	灯电流 (mA)	狭窄宽 (nm)	灰化温度 (℃)	原子化温度 (℃)	进样 (μL)
Co	240.7	30.0	0.2	1400	2200	20.0

A.5 计算结果

试样中钴含量的计算方法是

$$X=\frac{(A_1-A_2)\times V\times 1000}{m\times 1000}$$

式中：

X——试样中钴的含量，单位为毫克每千克或毫克每升(mg/kg或 mg/L)；

A_1——测定用试样中钴的含量，单位为微克每毫升(μg/mL)；

A_2——试剂空白液中钴的含量，单位为微克每毫升(μg/mL)；

V——试样处理后的总体积，单位为毫升(mL)。

A.6 精密度

在重复条件下获得的两次独立测定的结果的绝对差值不得超过算术平均值的10%。

五、羔羊铜缺乏症防治技术规程(DB65/T 4112—2018)

The Technical Regulation for Prevention and Cure of Copper Deficiency Disease of Lambs

(2018-03-30 发布　　2018ϒ04-30 实施)

1　范围

本标准规定了羔羊铜缺乏症的术语和定义、诊疗。

本标准适用于肉羊养殖场(户)和动物诊疗单位对羔羊铜缺乏症的诊断和防治。

2　规范性引用文件

下列文件对于本文件的应用是必不可少的。凡是注日期的引用文件,仅所注日期的版本适用于本文件。凡是不注日期的引用文件,其最新版本(包括所有的修改单)适用于本文件。

GB 5009.13 食品安全国家标准　食品中铜的测定

NY 5032 无公害食品　畜禽饲料和饲料添加剂使用准则

NY 5148 无公害食品　肉羊饲养兽药使用准则

NY 5150 无公害食品　肉羊饲养饲料使用准则

NY 5151 无公害食品　肉羊饲养管理准则

3　术语和定义

下列术语和定义适用于本文件。

羔羊铜缺乏症 (Copper deficiency disease of lambs)

是由于怀孕后期母羊缺铜引起的一种营养代谢病,以羔羊运动障碍、贫血、腹泻、骨和关节肿大、生长受阻等为临床特征,又称羔羊地方性运动失调,俗称“羔羊摆腰病”或“羔羊晃腰病”。

4　诊断

4.1　发病原因

4.1.1　原发性铜缺乏症

长期摄入低铜日粮,导致铜的摄入量不足而引起。土壤中铜的含量低于 18 mg/kg 可导致植物或牧草中铜的含量不足。牧草(干物质)含铜量低于 5 mg/kg,为缺铜临界值,而低于 3 mg/kg 则导致铜缺乏症。

4.1.2　继发性铜缺乏症

饲料中干扰铜吸收利用的物质如钼、硫等含量过高，一般认为当铜和钼的比例小于 2∶1 时，就会导致草食家畜铜缺乏症的发生。

4.2　流行病学特点

羔羊摆腰病多呈地方性流行，原发性羔羊铜缺乏症多见于0～6 周龄羔羊，初生或 1 周龄内的羔羊以死亡告终，随着年龄的增长死亡则逐渐减少。继发性铜缺乏，仅影响未断乳的羔羊，多发生于 1～2 月龄，主要表现运动障碍，尤其驱赶时后躯无力。

4.3　临床症状

4.3.1　原发性铜缺乏症

表现为被毛无光泽，生后即死，或不能站立吮乳，运动不协调，主要表现运动时后躯摇晃。

4.3.2　继发性铜缺乏症

羔羊消瘦，眼结膜苍白，被毛缺乏光泽，粗乱，弹性降低。呼吸、体温基本正常，心律不齐，心跳快。羔羊后肢无力，常呈“八”字站立，行走时左右摇摆。驱赶运动转弯或爬坡时易摔倒。后期病羔后肢麻痹，卧地不起，不能吮乳，极度衰弱，以死亡转归。少数病例表现下泻。

4.4　病理变化

剖检可见血液稀薄，血凝不良；肌肉色淡；脑组织不同程度水肿、软化；心肌色淡、变软，心包积液；肝脏稍肿，质地较脆，色泽不均；脾脏萎缩，被膜增厚，脾小梁增生；肾脏萎缩，苍白无光泽，被膜易剥离，切面皮质部血管扩张，髓质暗红。病理组织学检查中见中枢神经系统的神经元变性、坏死和脱髓鞘等特征性病变。

4.5　实验室检查

4.5.1　血铜和组织中铜检测

火焰原子吸收光谱法，测定羊血液和肝组织铜含量，详见附录

A,判定标准见下表。

表1　羊铜缺乏时组织和血液中铜含量的判定标准

组织	正常水平	缺乏
血浆(μmol/L)	0.011～0.020	<0.0031
肝脏(干物质)(μmol/L)	>200	<20

铜的测定方法参考 GB 5009.13。

4.5.2　血清生化检查

丙氨酸氨基转移酶(ALT)、天冬氨酸氨基转移酶(AST)、碱性磷酸酶(ALP)活性升高,总胆红素(TBI)及直接胆红素(DBI)活性升高,提示肝实质受损;肌酸激酶(CK)和乳酸脱氢酶(LDH)活性升高,提示心肌、神经组织受损;血液肌酐(CRE)和血液尿素氮(BUN)含量升高提示肾脏受损。可作为本病诊断和制定治疗措施的参考。

5　防治

5.1　预防

(1)母羊妊娠后期及产羔期补铜。从妊娠第2～3个月开始至分娩后1个月期间,每只母羊灌服1%硫酸铜溶液30～50 mL,间隔10～15 d一次。

(2)在各种类型的牧场上合理轮牧,避免在高钼的草地上长期放牧,或将高钼饲草晒干后再利用。

(3)补饲微量元素盐砖(硫酸铜含量约0.5%),自由舔食,可全群常年使用。

(4)饲料中添加硫酸铜。羊饲料中铜的需要量为5～10 mg/kg,不足时可添加到次量。硫酸铜毒性大,添加时注意控制剂量和拌匀。

对铜缺乏地区或怀疑缺铜地区,应及时对当地常用饲料进行微量元素含量分析，再根据羊的饲养标准，在日粮中补充缺乏的微量元素，以预防该病。

以上各条款中，饲料及饲料添加剂的使用应符合 NY 5032 和 NY 5150 的规定，饲料管理应符合 NY 5151 的规定。

5.2　治疗

(1)发病羔羊口服1%硫酸铜溶液，每只 10～20 mL，1 次/d，连用 2～3 周；然后每周 1 次，连用 5 次。

注意：口服硫酸铜水溶液不宜超过 4%，否则可造成胃肠道严重损伤；禁用金属器皿配置硫酸铜。治疗期间注意补充精料。

(2)发病羔羊肌内注射维生素 B_{12}，500 μg/d，连用 10 d。症状严重的(抽搐或后躯麻痹)可同时肌内注射地塞米松磷酸钠 0.25 mg/kg，加兰他敏 0.04 mg/kg，1 次/d，连用 5～7 d。

以上各条款中，药物的使用应符合 NY 5148 的相关规定。

附录 A

(规范性附录)

全血、组织中铜含量测定方法

A.1　原理

全血或组织经处理后，导入原子吸收分光光度计中，原子化后，吸收 324.8 nm 共振线，其吸收值与铜含量成正比，与标准系列比较定量。

A.2　试剂

铜标准物质为光谱纯；70%硝酸(HNO_3)(CR)；30%过氧化氢(H_2O_2)(GR)；乙二胺四乙酸二钠(EDTA-2Na)。

A.3　仪器

原子吸收分光光度计；微量移液器；自动超纯水系统；电子分

析天平；旋转振荡器；自控密闭微波消解器。

A.4　分析步骤

A.4.1　样品的采集与处理

(1)羔羊颈静脉采血 5 mL，用 EDTA-2Na 抗凝，于旋转振荡器上振荡混匀，用微量移液器吸取血样 1000 μL 置于聚四氟乙烯内胆中，加入 5 mL HNO_3 混匀，先放入电热预消解器中进行预消解，再加入 2 mL H_2O_2 混匀，盖上内盖进行微波消解，消解至无色时，于消解器上脱硝后自然冷却，用 HNO_3 定容至 10 mL。

取与消化液相同量的 HNO_3，按同一方法做试剂空白试验。

(2)羔羊剖检，取肝脏组织(在没有立即处理的情况下，可以置于－20℃冻存备用)1.00 g，置于经盐酸处理的洁净称量瓶内，80℃烘干至恒重，烘干组织粉碎。采用微波加热高压四氟乙烯酸湿消化法消化组织样品，称取 200.00 mg 置于容量瓶中，再加入 5 mL 70%的 HNO_3 和 1 mL 30%的 H_2O_2，消化完全后，定容至10 mL。

取与消化液相同量的 HNO_3，按同一方法做试剂空白试验。

A.4.2　测定

标准溶液的配置

吸取 0.0 mL、1.0 mL、2.0 mL、4.0 mL、6.0 mL、8.0 mL、10.0 mL 铜标准使用液，分别置于 10 mL 容量瓶中，加入 0.5% HNO_3 稀释至刻度，混匀。容量瓶中每毫升分别相当于 0 μg、0.10 μg、0.20 μg、0.40 μg、0.60 μg、0.80 μg、1.00 μg 铜。

将处理后的样品、试剂空白液和各容量瓶中铜标准液分别导入调至最佳条件的火焰原子化器进行测定，优化的仪器工作条件见下表。以铜标准溶液含量和对应吸光度，绘制标准曲线或计算直线回归方程，试样吸收值与曲线比较或代入方程求得含量。

表 A.1　火焰原子吸收光谱测定条件

元素	测定波长 (nm)	灯电流 (mA)	狭窄宽 (nm)	燃烧器高度 (nm)	火焰类型 AIR－C_2H_2	空气流量 (L/min)	燃烧气流量 (L/min)
Cu	324.5	5.0	0.5	9	氧化蓝色	4.7	1.2

A.5　计算结果

试样中铜含量的计算方法是

$$X=\frac{(A_1-A_2)\times V\times 1000}{m\times 1000}$$

式中：

X——试样中铜的含量，单位为毫克每千克或毫克每升(mg/kg或 mg/L)；

A_1——测定用试样中铜的含量，单位为微克每毫升(μg/mL)；

A_2——试剂空白液中铜的含量。单位为微克每毫升(μg/mL)；

V——试样处理后的总体积，单位为毫升(mL)。

A.6　精密度

在重复条件下获得的两次独立测定的结果的绝对差值不得超过其算术平均值的 10%。

参考文献

[1] 岳文斌,郑明学,古少鹏,等.羊场兽医师手册[M].北京:金盾出版社,2008.

[2] 王志武,毛杨毅,韩一超,等.羊病类症鉴别与防治[M].太原:山西科学技术出版社,2008.

[3] 牛捍卫,沈忠,汪明阳,等.实用羊病诊疗新技术[M].北京:中国农业出版社,2006.

[4] 王小龙.畜禽营养代谢和中毒病[M].北京:中国农业出版社,2009.

[5] 卫广森,张文举,马小军,等.兽医全攻略羊病[M].北京:中国农业出版社,2009.

[6] 赵兴初,王雯慧,伏小平,等.畜禽疾病诊断指南[M].北京:中国农业出版社,2010.

[7] 刘俊伟,魏刚才,安志兴,等.羊病诊疗与处方手册[M].北京:化学工业出版社,2011.

[8] 行庆华,王小民,黄炯,等.乡村兽医临床技能培训教材[M].北京:中国农业出版社,2012.

[9] 李学森,朱进忠,邓波,等.现代草原畜牧业生产技术手册[M].北京:中国农业出版社,2012.

[10] 李建基,王亨,朱家桥,等.牛羊病速诊快治技术[M].北京:化学工业出版社,2012.

[11] 王力俭,侯广田,杨会国,等.肉羊标准化生产技术[M].北京:台海出版社,2012.

[12] 沈正达,胡永浩,赵晋军,等.羊病防治手册[M].北京:金盾出版社,2012.

[13] 王宗元,刘宗平,卞建春,等.动物临床症状鉴别诊断[M].北京:中国农业出版社,2013.

[14] 侯广田,王文奇,杨会国,等.肉羊高效养殖配套技术[M].北京:中国

农业出版社,2013.
[15] 任和平,张敏,田文霞,等.现代羊场兽医手册[M].北京:中国农业出版社,2013.
[16] 丁伯良,王英珍,李秀丽,等.羊的常见病诊断图谱及用药指南[M].北京:中国农业出版社,2014.
[17] 王凤英,陶庆树,张鲲,等.牛羊常见病诊治实用技术[M].北京:机械工业出版社,2014.
[18] 吴心华,王伟华,贝丽琴,等.肉羊育肥与疾病防治[M].北京:金盾出版社,2014.
[19] 杨雪峰,魏刚才,徐长举,等.羊高效养殖关键技术及常见误区纠错[M].北京:化学工业出版社,2014.
[20] 袁维峰,阳爱国,曹永国,等.羊常见病特征与防控知识集要[M].北京:中国农业科学技术出版社,2015.
[21] 中国兽医协会.2015年执业兽医资格考试应试指南(兽医全科类)[M].北京:中国农业出版社,2015.
[22] 王建华.兽医内科学(第四版)[M].北京:中国农业出版社,2015.